国家自然科学基金青年科学基金项目(52204238)资助
国家自然科学基金面上项目(52274229)资助
陕西省杰出青年科学基金项目(2021JC-48)资助
陕西省自然科学基础研究计划青年项目(2022JQ-446)资助
陕西省教育厅青年创新团队科研计划项目(22JP046)资助
西安科技大学高质量学术专著出版资助计划(XGZ2024017)资助

缓释抗氧型阻化剂抑制煤自燃机理

马 腾 翟小伟 著

中国矿业大学出版社
· 徐州 ·

内 容 提 要

我国大部分开采煤层属于容易自燃和自燃煤层，煤炭开采过程中自燃灾害风险高，严重制约煤矿企业安全生产。针对煤化学结构及氧化自燃发展过程，研发能从本质上抑制煤自燃的新型阻化剂是克服煤自燃灾害的关键科学问题。本书以“材料制备—抑制效果—作用机制”为研究主线，研制出缓释抗氧型阻化剂，确定了经分子修饰后的花青素与无氯绿色水滑石改性高吸水树脂的最优配比；研究了陕北侏罗纪煤与阻化煤氧化过程中热效应、动力学参数、活性官能团以及生成气体的变化规律，确定了阻化剂的最优添加量；提出了官能团与热流强度及气体产物的量化判定指标，确定了氧气主要攻击脂肪烃，羰基是决定煤自燃过程中热流强度以及气体释放的最关键基团，揭示了缓释抗氧型阻化剂阻断煤活性官能团链式反应的煤自燃阻化机理。本书研究成果为防治煤自燃灾害提供了理论依据和技术支撑，同时具有一定的工程应用价值。

本书可供矿山安全和火灾防治研究人员、矿山工程技术人员以及普通高等学校安全工程专业师生参考使用。

图书在版编目(CIP)数据

缓释抗氧型阻化剂抑制煤自燃机理/马腾，翟小伟著.—徐州：中国矿业大学出版社，2024.12

ISBN 978-7-5646-6192-2

Ⅰ.①缓… Ⅱ.①马… ②翟… Ⅲ.①阻化剂—作用—煤炭自燃—研究 Ⅳ.①TD75

中国国家版本馆 CIP 数据核字(2024)第 063192 号

书　　名　缓释抗氧型阻化剂抑制煤自燃机理
著　　者　马　腾　翟小伟
责任编辑　黄本斌
出版发行　中国矿业大学出版社有限责任公司
　　　　　　（江苏省徐州市解放南路　邮编 221008）
营销热线　(0516)83885370　83884103
出版服务　(0516)83995789　83884920
网　　址　http://www.cumtp.com　**E-mail**:cumtpvip@cumtp.com
印　　刷　苏州市古得堡数码印刷有限公司
开　　本　787 mm×1092 mm　1/16　**印张** 9　**字数** 171 千字
版次印次　2024 年 12 月第 1 版　2024 年 12 月第 1 次印刷
定　　价　40.00 元
（图书出现印装质量问题，本社负责调换）

前　言

我国能源资源禀赋的特点为富煤、贫油与少气，安全可靠的能源供应事关我国现代化建设全局，在短期内煤炭仍然是我国主导能源和重要战略材料，是保障我国能源战略安全的重要基石。我国90%以上开采煤层自燃倾向性均为容易自燃或自燃，煤自燃火灾往往会导致资源浪费，其有害气体会致使人员伤亡，且治理后易复燃，是诱发瓦斯及煤尘爆炸的主要因素。近年来，随着煤炭资源高强度开发，各类复杂的煤自燃危害变得尤为突出，影响工作面的安全高效回采。针对煤自燃火灾的特点及发展过程，已开发了多种预防煤自燃的阻化技术，但是受矿井漏风通道复杂、煤易复燃等条件的影响，现有阻化剂防治煤自燃存在阻化效率低的问题。因此，本书将广泛存在于植物体内具有很强自由基消除能力的花青素经改性研制出一种绿色环保的缓释抗氧型阻化剂，在煤氧化过程中，持续捕获自由基，阻断基元反应，达到本质上抑制煤自燃的目的。

本书在国家自然科学基金青年科学基金项目（52204238）、国家自然科学基金面上项目（52274229）、陕西省杰出青年科学基金项目（2021JC-48）、陕西省自然科学基础研究计划青年项目（2022JQ-446）、陕西省教育厅青年创新团队科研计划项目（22JP046）及西安科技大学高质量学术专著出版资助计划（XGZ2024017）的资助下，以“材料制备—抑制效果—作用机制”为研究主线，采用实验测试、理论分析和数值计算相结合的方法，研制出缓释抗氧型阻化剂，确定了分子修饰后的花青素与无氯绿色水滑石改性树脂的最优配比，揭示了缓释抗氧型阻化剂阻化煤活性官能团链式反应的煤自燃阻化机理。本书研究成果为防治煤自燃灾害提供了理论依据和技术支撑，同时具有一定的工程应用价值。

全书共分为七章。第一章“绪论”，主要介绍煤自燃机理特征及煤自燃阻化剂研究现状。第二章“缓释抗氧型阻化剂研制”，分别采用分子修饰法及辅色法对葡萄籽中提取的花青素改性，采用紫外可见分光光度计、红外光谱分析仪、差示扫描量热仪等实验装置，测试其不同改性方法及不同浓度下的性能表征，得出分子改性酰化的花青素消除DPPH（二苯基苦基苯肼自由基）的能力最强，抗氧化活性得到显著提升且结构变得稳定；采用不同含量无机环保性水滑石黏土改性高吸水树脂，得出吸液性能优越且热稳定性最佳的添加质量比；为延长煤氧化过程中化学阻化温度范围，将分子修饰后的花青素与改性高吸水树脂以不同质量比制备成材料进行热效应测试，得出分子修饰后的花青素与改性高吸水树脂最优质量比。第三章“缓释抗氧型阻化剂抑制煤热效应及动力学研究”，选取陕北侏罗纪典型煤层原煤，将阻化剂与原煤以不同的质量比制备成不同的阻化煤，然后进行DSC（差示扫描量热法）热分析实验测试阻化煤的热流曲线，综合考虑阻化剂阻化效果与经济效益，确定最优添加量；采用改进KAS（Kissinger-Akahira-Sunose）等转化率法计算动力学参数，得出阻化煤活化能值高于原煤活化能值，说明阻化煤氧化需要更高能量。第四章“缓释抗氧型阻化剂抑制煤氧化活性官能团研究”，通过原位漫反射傅里叶变换红外光谱测试，定量分析煤自燃过程中关键活性官能团受阻化后峰强度随温度演变情况。第五章“缓释抗氧型阻化剂抑制煤自燃气体表征研究”，采用程序升温实验台测试，发现抑制煤氧化过程中活性位点逐渐增加，致使碳氧气体以及烯烃气体释放量下降显著，表现出很好的阻化效果。第六章“缓释抗氧型阻化剂抑制煤自燃特征及机理”，采用动态灰色关联的数学方法，将原位红外光谱实时检测的不同煤层煤和阻化煤的官能团含量与热流强度以及指标性气体释放浓度分别建立量化判定指标，得出官能团与热流强度以及释放的气体关联度值，然后通过关联度值大小排序确定煤宏观特性变化规律与微观特征变化之间的动态关系，最终揭示缓释抗氧化型阻化剂抑制煤自燃机理。第七章“结论与展望”，总结全书研究内容并做进一步展望。

在本书撰写过程中，陈晓坤教授在本书思路提炼、研究内容确定和修改定稿等方面提出了许多宝贵意见。刘昌菊副教授、任立峰副教授、宋波波讲师、郝乐博士、侯钦元博士、李心田博士、马斌斌硕士、刘玲硕士及杨浩宇硕士等在实验和研究过程中给予了大力无私的帮助。西安科技大学安全科学与工程学院、材料科学与工程学院、化学与化工学院以及陕西煤业化工技术研究院有限责任公司为材料的制备及性能测试提供了实验仪器及场地。在此，表示崇高的敬意和衷心的感谢！

在本书撰写过程中参考了大量资料，所引用的学术成果均已标注并在参考文献中列出，在此向有关作者表示感谢！

因作者水平有限，书中难免存在疏漏之处，恳请广大读者批评、指正！

著　者

2024年2月

目　　录

第一章 绪 论

第一节 引 言

我国能源资源禀赋的特点为富煤、贫油与少气，在相当长的一段时间内煤炭仍然是主导能源和重要战略材料，在国民经济发展中起着重要作用[1-2]。谢和平等[3]采用弹性系数法预测2025年中国能源消费总需求将为55亿～56亿t标准煤，而煤炭消费量占能源消费总量的50%～52%。2022年我国近92%的煤矿为井工开采，加之矿井地质与煤层赋存条件复杂，在矿井生产中会面临各种灾害的威胁，其中煤自燃灾害作为煤矿特大事故中占比较高的灾害，受到越来越多的科研工作者关注[4-5]。煤自燃灾害是一个世界普遍性问题，例如，中国、印度、美国、澳大利亚等许多国家都报告了煤自燃火灾的发生[6-11]。这种燃烧不仅浪费大量能源，而且会产生有害气体，严重破坏自然环境，危害人体健康，甚至造成人员伤亡[11-13]。其中我国56%的煤矿受到煤自燃的影响[14-17]，开采容易自燃、自燃煤层的矿区分布较广，以山西、陕西、内蒙古、新疆为例，截至2020年年底，开采容易自燃、自燃煤层的井工煤矿占比为77.07%，生产能力占比为79.31%，煤自燃火灾潜在危险性大。国家矿山安全监察局为深入贯彻习近平总书记关于安全生产和应急管理的重要论述，2021年印发最新的《煤矿防灭火细则》，规定从源头消除煤矿火灾隐患，坚决防范火灾事故发生。

近年来，陕北榆林煤炭资源得到了国家重点开发[18]。目前，榆林创建了能源革命创新示范区，站在了担当国家使命和服务国家战略的前沿位置，在国家能源安全保障体系中具备不可或缺的地位。榆林煤炭资源预测储量丰富，已探明大部分煤炭为侏罗纪煤，且发现延安组为主要含煤地层[19-20]。陕北侏罗纪煤的自燃倾向性为容易自燃，变质程度低，且挥发分含量基本在30%以上，高挥发分致使煤氧化自燃危险性较高[21-22]，随着煤炭资源大规模开发，部分重点产煤区域出现大面积采空区及上覆采空区，伴随着各类复杂的煤自燃危害，影响工作面的安全高效回采。因此，高效防控煤氧化自燃技术显得尤为重要。目前，煤氧复合学说作为解释煤自燃机理的学说已被广泛认可，该学说认为煤和氧气接触发生物理化学吸附与化学反应，同时伴随热量释放，热量的积累会导致煤体温度逐渐升高从而引发自燃[23-30]。从煤分子角度研究表明，煤分子由多个结构相似的“基本结构单元”通过桥键连接而成，这种基本结构单元类似于聚合物的聚合单体，分为规则部分和不规则部分。规则部分由几个、十几个甚至几十个苯环、脂环、氢化芳香环及杂环(含氮、氧、硫等元素)缩聚而成，称为基本结构单元的核或芳香核，不规则部分则是连接在核周围的烷基侧链、各种官能团与桥键[31-32]。其中一些基团在煤的氧化过程中比其他基团更活跃，即活性官能团，它们与氧气结合发生放热反应，随着反应体系能量的积聚促使较高活性的其他官能团也参与反应，从而引发一系列放热反应。根据化学反应理论，一旦活性官能团的氧化被中断，就不会产生更多的能量，随后其他基团的氧化也会减慢或完全停止。因此，分析官能团的分布和演变，抑制活性官能团的氧化反应是选择化学抑制剂的重要因素。

化学作用型阻化剂可通过分子层面切断煤中活性官能团发生的链式反应，与煤中活性官能团络合成稳定的化学键，达到抑制煤自燃的目的，且添加少量就可起到很好的阻化效果。但是，目前化学作用型阻化剂一般价格昂贵，有些分解会产生有害气体。而天然抗氧化剂是能够减缓或者消除氧化反应的一类物质，常见有花青素、茶多酚、β-胡萝卜素、维生素 C、维生素 E 及盐藻多糖等[33-34]。这类物质因具有可再生且绿色安全环保的特点，近年来受到科研人员的青睐。其中花青素作为植物次生代谢产物，属于多酚类化合物，是一种很好的自由基消除剂，其分子结构单元中芳香环有多个邻、间位活性酚羟基，强烈释放 H^+ 给各类自由基，可终止自由基链式反应，达到防治氧化的目的[35]。人们对上百种植物的花青素成分进行研究，发现葡萄籽中最为丰富且抗氧化能力强，达到 89.88 mg/g[36-39]。葡萄被广泛种植于世界各地，因其种植面积和产量都居首位，被誉为“水果世界明珠”[40-41]。我国是葡萄生产大国，根据国家统计局官网统计，2022 年全国葡萄产量达 1 537.79 万 t。目前，葡萄主要用于生产葡萄酒，而葡萄籽约占葡萄酒工业产生生物量的 20%～25%[42]，大量葡萄籽的综合利用率比较低，有的直接作为饲料使用，有的甚至来不及处理而丢弃，国内尚未对其进行良好的利用，如处理不当，易发腐变质污染环境[43]。

基于此，本书针对陕北侏罗纪不同煤层氧化特性以及活性基团变化特征，首先将天然可再生环保的花青素进行分子修饰，提升结构稳定性及抗氧化性，经分子修饰后的花青素含有大量酚羟基。然后通过羟基极性作用，将经分子修饰后的花青素嫁接至无氯绿色水滑石改性高吸水树脂结构中，从而研发出一种绿色环保、成本低且从煤本质结构上抑制煤自燃的新型阻化剂。这对于煤自燃灾害的预防和治理具有重大的现实意义和经济效益。

第二节 煤自燃机理研究

一、煤分子活性官能团及自由基演化特性

煤自燃的本质是煤中的活性官能团与氧反应，微观结构与煤中的反应密切相关，微观结构的差异往往导致宏观特性的差异，因此，煤结构一直是煤炭科学领域的研究热点和重要的基础研究。目前，煤结构的研究方法主要包括 4 种：物理研究法、化学研究法、物理化学研究法和计算化学研究法[44]。物理研究法通过红外光谱、X 射线衍射与核磁共振成像等技术[45-49]对煤结构进行测定获取结构信息。化学研究法主要对煤进行适当的氧化、卤代与水解等化学处理得到煤的元素组成和煤分子上的官能团[50]。物理化学研究法利用溶剂萃取手段将煤中的组分分离并进行分析测定，以获取煤结构的信息[51]。计算化学研究法是用理论化学和计算机技术研究煤的分子模型，使煤的化学结构研究在定量化和可视化方面取得实质性的突破[52-54]。基于以上研究方法，学者们提出了多种煤分子的化学结构模型。W. Fuchs 等在 20 世纪 60 年代提出了代表性的煤化学结构 Fuchs 模型。该模型认为煤是由很大的蜂窝状缩合芳香环和以含氧官能团为主的基团组成，但含氧官能团的种类不够全面。英国 P. H. Given 提出 Given 模型，认为煤结构中主要氮原子以杂环形式存在，含氧官能团有羟基、醌基等，结构单元之间交联键的主要形式是邻位亚甲基[55]。随后多位学者在煤分子结构方面做了大量工作，提出了多种煤分子化学结构，如本田模型[56]、威斯化学结构模型[57]以及 A. A. Krichko 等[58-59]提出的相关多体结构模型等。J. P. Mathews 等[60]对 1942 年到 2010 年已有的 134 个煤的分子水平表征（模型）进行分析，得出煤分子模型从二维过渡到三维的计算结构，并在复杂性和有限程度上增加了规模。随着分析技术、建模软件和计算能力的进步，煤结构的局部表征得到了改进。计算机辅助设计已经帮助一些模型克服了模型构建中的一些挑战。然而，一般来说，准确获取煤的结构仍然是困难的，模型通常是为特定用途生成的，未有模型通过普遍测试考验。

官能团作为煤分子的一部分，对其反应历程及机理的研究是对煤氧化反应性的本质上的揭示[61]，也是近年来国内外学者的研究重点之一。P. R. Solomon 等[62]在 20 世纪末提出了煤的官能团热解模型，认为煤的热解是以官能团反应为主要特征的过程，此外煤的自燃也应与官能团密切相关。P. C. Painter 等[63]、

J. Ibarra 等[64]通过红外光谱实验，对不同变质程度煤的红外光谱特征进行了详细的峰归属分析，奠定了煤分子结构中官能团定性分析的基础。S. P. Yao 等[65]、P. R. Solomon 等[66]、G. Xiong 等[67]计算了红外光谱的二阶导数，并采用反褶积的方法，确定了单个峰的位置，找到了隐藏峰的位置，定量计算了特征吸收峰的面积。Z. Y. Niu 等[68-69]利用原位红外透射光谱研究了煤热解过程中主要官能团的演化。由于煤结构复杂，红外吸收峰重叠严重，以数学拟合进行的解卷积软件的出现，推动了红外光谱的定量分析。众多学者[70-74]基于红外光谱的定量数据，计算了一系列半定量参数，辅助分析了煤分子结构。H. I. Petersen 等[75-76]基于红外光谱实验得到了煤结构参数，并对其与煤成烃的关系进行了大量的研究。O. O. Sonibare 等[77]、G. N. Okolo 等[78]通过多种技术比较分析了不同煤分子结构中的芳香结构、脂肪烃以及微晶结构的差异。A. O. Odeh[79]研究了煤成焦过程中的脂肪烃变化规律以及芳香烃与煤级的关系。M. Kotyczka-Morańska 等[80]研究了煤热解过程中的氢键和氧结构的演化特征。Y. L. Zhang 等[81]研究了煤低温氧化过程中甲基和亚甲基的演化过程。

二、煤氧化热效应特性

煤自燃发生和发展的关键因素在于煤自发地产生热量，当放热大于散热时，煤氧化反应热得以积聚、温度升高，最终导致自燃。煤常温下自发产热的能力是体现自燃煤内在的自然属性的关键因素。煤氧化反应释放的热量大于煤与空气对流散失的热量，致使煤体温度升高加速氧化反应，放出更多的热量活化更多活性官能团参与反应，更易达到燃点发生氧化自燃。因此，煤氧化自燃过程中的热效应是煤自燃的关键因素。近年来，国内外学者采用先进的煤自然发火实验、差示扫描量热仪和微量热仪等测试仪器对煤氧化自燃过程伴随的热效应进行了研究。J. Deng 等[28]、F. Akgün 等[82]、Y. Xiao 等[83]对煤自燃倾向性进行了中、大型实验测试，根据煤自身放出的热量，引起煤体升温，造成煤体内部热差，依据能量守恒定律，应用差分方程推算煤体放热度，以及应用几何化学动力学推断煤体放热强度。还有学者研究了煤自身变质程度对煤氧化热效应的影响。C. P. Wang 等[84]对 6 种不同变质程度的煤进行热分析测试，发现随着煤变质程度降低，煤初始吸热阶段的最大吸热峰与放热阶段的最大放热峰所对应的温度均逐渐降低，得出低变质程度的煤更易发生氧化自燃反应。P. Garcia 等[85]对在环境条件下风化后的三种哥伦比亚煤进行了非等温氧化焓的测试，发现煤氧化起始温度与煤的变质程度一致，随氧化风化时间的延长而增大。另外，煤内外水、粒径以及环境温度都会影响煤氧化过程中热流曲线变化。乔玲等[86]基于 DSC 曲线研究了水浸煤与原煤在煤氧化自燃过程中的热效应规律，从煤的放热量角度发现水浸后煤更易发生自燃。R. K. Pan 等[87]更加详细地对煤粒径、环境温度以及润湿煤使用的水量对煤自燃过程中的热量释放机理开展研究，发现随着环境温度增加，润湿热值减小，煤样粒径越小，润湿热值越大，而润湿热促进煤的氧化蓄热系统加速煤氧化自燃。煤升温过程中气体环境因素也会极大影响煤自燃热释放特性，通过改变煤自燃氧化气体环境，发现降低氧气浓度时煤的放热强度降低，而随着氧气浓度的升高，放热区缩小并向低温区转移，放热起始温度降低，同时净放热量增加[88-89]。升温速率的提升，致使煤自燃热流强度曲线向高温区域移动，同时热流强度也显著增大，升温速率过高煤结构中活性基团未能及时反应，出现滞后现象，而低升温速率会促进煤氧化放热效应更加彻底[90-91]。

不同学者在实验方法基础上，结合数值模拟的方法对煤氧化反应过程的热效应进行了研究。石婷等[92]建立了煤分子结构简化模型，采用基于量子化学方法的高斯软件，基于密度泛函理论 DFT/6-31G 基组，优化了不同活性结构与氧分子的模型，模拟计算了煤中活性基团与氧的反应历程，通过热力学和动力学分析，得到了不同活性基团在氧化反应过程中热焓变化、能量变化以及活化能值等，依据反应历程参数对煤结构中不同活性基团的氧化反应能力大小进行了对比，从微观角度解释了煤氧化反应热效应机理。迟克勇等[93]针对不同湿度条件对煤自燃过程中各参数及热效应的影响，搭建了湿度可调的精密型空气发生装置，并与煤自燃程序升温氧化装置联用，研究了煤自燃过程指标性气体的释放规律，利用热分析设备定量反映了不同空气湿度条件下煤自燃热量释放规律，结合数值模拟方法探究了空气湿度对煤自燃过程热效应的影响。刘星魁等[94]构建了反映煤柱内部氧化升温关系的三维数值模型，利用 FLUENT 软件对其流场分布进行了数值解算，并研究了综放工作面沿空侧破碎煤柱耗氧和释热对煤自燃发展过程的影响，结果表明巷道内空气向顶煤和煤柱渗流-扩散效应明显，渗流影响范围从进风处向出风处递减，破碎煤体具有比煤层更好的氧化条件。高温区在空间上位于进风处附近，煤体内部升温速率不但随着时间的增加呈现加速，整体温度分布也有上移的趋势。在煤质一定的情况下，巷道风速会使煤自燃更加恶化。

三、煤氧化动力学

在煤自燃研究中，通常采用煤低温氧化动力学参数来定性衡量煤自燃倾向性[95]及定量反映煤氧化反应速率和产热速率[96-97]等。煤氧化动力学研究主要建立在反应过程中速率方程的基础上，通过反应过程中物理量的变化，计算反应动力学参数，包括反应速率、指前因子、活化能和反应级数等[98-102]。目前，测算煤氧化动力学参数的实验方法较多，主要包括热分析实验、绝热氧化实验、程序升温实验以及自然发火实验等，热分析法因测试所需煤样少、重复性好，被众多研究者所采用。基于不同热分析理论和实验研究,研究者提出了多种煤低温氧化动力学参数测试方法,应用较多的为热分析方法,其从操作方式上可分为单升温速率法和多升温速率法两大类。Coats-Redfern 法是一种以单升温速率测试结果为基础的动力学参数计算方法。H. Wang 等[29]根据煤与氧气在 35～115 ℃ 温度环境中反应时的质量变化,采用 Coats-Redfern 法分析了煤中水分析出过程中的活化能。q/m(放热速率/煤样质量)法是一种以放热速率为基础的单升温速率法。X. X. Zhong 等[103]采用 q/m 法研究了不同贫氧条件下煤低温氧化过程中表观活化能和指前因子的变化规律。B. Li 等[100]开展了三种干燥煤样在恒定升温速率下的 TGA(热重分析)-DSC 实验,根据 q/m 法获得了煤低温氧化过程的表观动力学参数,发现温度为 100～150 ℃ 时得到的动力学参数及放热速率与金属网篮法获得的结果一致。

国际热分析及量热学联合会动力学委员会(ICTAC Kinetics Committee)组织多国热分析工作者[104-107]研究发现单一扫描速率法在进行动力学计算时,结果往往不能单独用以反映复杂固态反应的本质。基于多升温速率的动力学计算方法,通过不同升温速率下的热分析曲线,可在不依赖机理函数的条件下较为精准地获得活化能。多扫描速率的动态等反转方法包括 Flyna-Wall-Ozawa (FWO)方法[108]、Kissinger-Akahira-Sunose(KAS)方法[109]和 Friedman 方法[110]。M. J. Starink[111-112]改进了 KAS 方法,使计算的活化能更加准确,更接近实际值。S. Vyazovkin 等[113]对改进的 KAS 方法的优越性进行了验证。王兰云等[114]通过静态耗氧实验发现,煤氧复合过程中活化能随温度升高逐渐减小,煤体在较高温度时呈现出负活化能,自燃氧化过程中活化能逐渐增大,同时提出了煤自燃逐步自活化反应理论。屈丽娜[115]结合实验检测数据对煤自燃过程中不同氧化阶段进行了动力学分析,发现随着温度的升高,煤氧化活化能由初始的负值逐渐增大直至正值。国内外学者从动力学角度对煤自燃过程也进行了大量研究,主要从煤的变质程度、有机质含量、硫化物影响等因素出发,对煤氧化自燃过程动力学参数的变化规律进行了研究并建立了关联性[116-121]。

四、煤氧化自燃气体表征

煤氧化自燃过程中活性官能团与氧分子在不断复合反应放出热量的同时伴随一系列气体的生成,如 CO、CO_2、烷烃类气体、烯烃类气体以及炔类气体等[122-126]。大量现场检测与实验测试表明,可将煤自燃过程中释放的气体产物作为指标对煤自燃程度进行预测预报[127-128]。碳氧化物是煤低温氧化过程中最重要的气体产物[129],表 1.1 总结了主要产煤国监测煤自燃所用气体指标。从表中可以看出,CO 作为火灾探测气体的使用比其他任何气体都要频繁,主要原因是 CO 的密度比干燥空气的略小,所以它很容易与周围的气体扩散,利用现代监测技术,甚至可以检测出微量的 CO,因此 CO 作为煤氧化反应过程中形成的一种非常关键的产物,被认为是火灾状态的一种非常有效的指示器。为了丰富煤自燃危险性判定指标体系,提高煤自燃预报的可靠性,更好地掌握煤自燃规律,同时加入复合气体作为辅助指标[130-133]。

表 1.1　主要产煤国监测煤自燃所用气体指标汇总

国家名称	主要指标	辅助指标
中国	CO、C_2H_4、C_2H_2	Δ_{CO}/Δ_{O_2}、C_2H_6/CH_4
澳大利亚、美国	Δ_{CO}、H_2	Δ_{CO}/Δ_{O_2}
印度	CO	Δ_{CO}/Δ_{O_2}
英国	CO、C_2H_4	Δ_{CO}/Δ_{O_2}
俄罗斯	CO	C_2H_6/C_2H_4
日本	CO、C_2H_4	Δ_{CO}/Δ_{O_2}、C_2H_6/CH_4
波兰、德国、法国	CO	Δ_{CO}/Δ_{O_2}

注:Δ_{CO}/Δ_{O_2} 为 Graham 系数,Δ_{CO}是指煤自燃过程中 CO 浓度的增加量,Δ_{O_2} 是指煤自燃过程中 O_2 浓度的减少量;其余气体符号均代表该气体浓度。

国内外学者通过各种手段对煤氧化自燃过程中的气体进行了研究,其中采用程序升温法测试煤氧化自燃阶段过程中温度与气体指标的变化规律是最为广泛的实验手段,学者们建立了各种类型的煤自燃程序升温箱研究煤自燃特性[134-139]。为模拟现场煤自然发火,肖旸等[140]利用 15 t 大型煤自然发火实验测试煤自燃过程中的气体指标,通过单一气体与复合气体浓度比值建立了煤自燃气体指标与特征温度点的对应关系。J. Li 等[141]搭建了一个可研究在对流作用下的煤自燃装置,测定分析了煤温与 CO、CO_2 浓度的时间变换规律,得出供气量是决定煤氧化反应强度的主要限制因素,CO_2 与 CO 浓度的比值对煤氧化反应的状态有很强的依赖性。也有学者[142-143]从绝热蓄热角度出发,建立了绝热氧化条件下研究煤自燃宏观特征参数的实验装置,并采用色谱检测气体指标与煤温的对应关系,通过气体量化指标识别现场煤自燃隐蔽火源温度。目前,存在许多测试煤自燃的方法,其中绝热炉自热测试是煤炭行业的首选方法[144]。

近年来,同步热分析技术广泛被用于研究煤氧化过程,但该技术不能体现出样品内部化学组分信息,当结合质谱仪或者傅里叶变换红外光谱仪时,可测试煤氧化过程中逸出气体产物成分及浓度[145-146]，从而间接分析煤化学组分。赵永飞等[147]采用热脱附-气相色谱-质谱仪技术与高效液相色谱技术研究了煤自燃过程中挥发性气体释放成分及浓度变化规律。C. P. Wang 等[84]利用同步热分析-傅里叶变换红外光谱技术对 6 种不同变质等级的煤进行测试，发现变质程度越低，H_2O、CO 或 CO_2 气体的初始释放温度越低，并且伴随 CH_4 气体的释放，可能会引起煤矿瓦斯爆炸。A. Adamus 等[148]采用等温差热分析法与漫反射傅里叶变换红外光谱联用分析了在空气或者氧气气氛条件下 6 种新西兰干燥煤自燃过程中温度与气体的变化规律。此外，B. Kong 等[149-150]提出了一种新的电磁辐射监测煤自燃的方法，建立了温度、气体指标与电磁信号之间的相关性，发现电磁辐射信号与温度呈正相关性，且与 CO 气体的变化规律有着良好的对应关系。

第三节　煤自燃阻化剂研究

为了有效抑制煤氧化自燃，延长其自然发火期，科研人员做了大量的研究，提出了灌注黄泥浆、水、惰性气体、泡沫、高分子胶体以及阻化剂等防灭火技术及材料。阻化剂类材料根据其抑制煤自燃作用机理主要分为物理作用型阻化剂、化学作用型阻化剂以及新型复合阻化剂。

一、物理作用型阻化剂

物理作用型阻化剂主要破坏煤体内部热量积聚对煤进行降温以及隔绝氧气形成一层保护层覆盖煤体表面从而抑制煤自燃。

在煤氧化升温过程中，吸水盐类阻化剂含有大量水分，其水分不断汽化吸收热量从而抑制煤自燃。学者们发现阻化剂添加量在 20%时才能起到良好的阻燃效果，在抑制煤自燃后期随着水分蒸发阻化效果减弱甚至失效[151]。刘吉波[152]对雾化后的 $CaCl_2$、$MgCl_2$ 等卤盐类阻化剂进行了煤样阻化研究，得出氯盐类阻化剂最适宜的阻化浓度。

惰性气体通过稀释采空区氧气浓度，使供氧不足而抑制和熄灭煤火，通过高压设备向采空区注入大量的惰性气体，能够降低采空区的氧气分压，在一定程度上阻止了采空区遗煤吸附氧气，进而减缓煤的氧化进程。惰性气体在向采空区深部流动过程中不仅能够吸收一部分遗煤氧化释放的热量，从而打破煤体的蓄热条件，还可以增大高温区域的压力，使其处于正压状态，将该区域的氧气浓度维持在较低水平，降低了采空区遗煤氧化自燃的可能性。目前氮气和二氧化碳是矿井火灾防治最常用的惰性介质。崔传发[153]通过现场实地应用注氮技术治理采空区遗煤自燃危险，发现注氮很好地降低了氧气体积分数，缩短了氧化升温带范围。有多项研究报道，液态氮气与液态二氧化碳都有显著的冷却和窒息作用，但是在防止与熄灭采空区煤自燃方面液态二氧化碳表现出更好的吸附作用、冷却能力、惰性作用以及广泛的覆盖面积。

胶体具有很好的保水性、渗透力以及稠黏性等特点，对破碎煤体起到很好的包裹作用，从而达到隔绝氧气的目的，同时还具有吸热降温的效果，也被广泛用于抑制矿井火灾[154-158]。近年来，有学者通过对吸水树脂改性，提升了其结构热稳定性，使其在高温环境下依然保持着高吸水性能[159-161]。

物理作用型阻化剂能够利用阻化剂本身的物理特性，具有良好的阻燃效果，虽然能够改变煤体表面的物理条件，但是不能从煤分子根本结构上解决煤自燃的隐患，煤中活性物质仍然存在，仍具有较高的自燃倾向性，随着时间的推移，当阻化剂消耗殆尽、物理条件发生破坏，其阻化效果也会逐渐消失，这样就需要日常养护或补充阻化剂。

二、化学作用型阻化剂

针对物理作用型阻化剂不能根除煤自燃根本的不足，人们开始将目光放在了引发煤自燃的活性官能团上，从而化学作用型阻化剂也被开发出来，并且具有不错的效果。

化学作用型阻化剂主要是基于煤低温氧化的动力学原理，通过改变煤体化学结构，利用了自由基在煤氧化自燃过程中的作用，捕获链式反应过程中产生的自由基，中断链式反应过程中链的传递，或者将煤中低温氧化的活性官能团进行惰化，使其生成稳定的结构，提高氧化反应的反应活化能，增加反应的难度，以此来抑制自燃倾向性高的煤发生氧化自燃，其以添加少量就起到明显阻化效果的优势被广泛应用[162-164]。

位爱竹[165]通过添加二苯胺抗氧化剂来阻断煤氧化过程中链增长反应，该方法起到了很好的防治煤自燃效果。J. Wang 等[166]发现在煤自燃过程中N,N-二苄基羟胺可以与过氧化氢中间体结合形成稳定的化合物，使得煤中游离羟基含量降低，中断醛和羧酸的生成，还可以与烷基自由基结合形成稳定的化合物，对煤氧化各阶段都表现出抑制作用。J. H. Li 等[167]以赤峰煤为研究对象，选取 6 种不同类型的抗氧化剂作为抑制剂进行低温氧化实验，从自由基链反应的角度提出了新型有效的煤炭自燃抑制剂。刘长飞等[168]采用过氧化尿素[$CO(NH_2)_2 \cdot H_2O_2$]和过碳酸钠[$Na_2CO_3 \cdot 1.5H_2O_2$]作为强氧化剂，并结合水溶性环保阻燃剂、渗透剂、薄荷油以及溶剂水组成环保型化学阻化剂，将其用于阻化煤自燃，发现阻化率能够达到 90%左右，但是过氧化尿素属于易燃易爆物品，氧化过程放热，有较大的火灾危险性。于水军等[169]研究了不同分散性的防老剂甲对煤自燃的化学阻化作用，结果表明防老剂甲对煤自燃有显著的阻化作用，且防老剂甲的阻化效果随其分散程度的增加而提高。李金亮等[170]发现将5%的过硫酸钠添加到煤样品中时，煤氧化升温过程中活性基团会生成稳定的醚键以及烷基等稳定基团，从而达到阻化煤自燃的目的。近年来各类离子液体被应用到抑制煤自燃，通过惰化煤结构中关键活性官能团，实现煤氧化自燃的靶向阻化，抑制煤氧化，但是其价格昂贵，在矿井采空区大范围应用方面成本较高[171-174]。

三、新型复合阻化剂

新型复合阻化剂由于具备物理与化学双重作用机制，目前得到学者们广泛关注与研究。王婕等[175]通过将无机盐类阻化剂氯化镁和氯化钙与自由基捕获剂N,N-二苄基羟胺和2,6-二叔丁基-4-甲基苯酚复合为一种持续抑制煤自燃的高效阻化剂，在化学层面抑制煤的自由基链式反应，在物理层面主要吸热降温，两层面协同阻化煤氧化。刘博[176]采用原位共沉法制备了具有自修复性能的锌镁铝水滑石/神府煤复合材料，从多个角度研究了煤自燃防控抑制作用机理。J. Deng等[177]发现锌镁铝水滑石减少了不黏煤与气煤自燃过程中CO_2的释放，限制煤的氧化反应，减少温室气体排放。G. L. Dou等[178]将儿茶素和聚乙二醇组合，发现抗氧化剂儿茶素中的羟基可以与煤的羟基发生反应，形成醚键，醚键更加稳定，从而抑制煤的氧化。Z. L. Xi等[179]、Y. Lu等[180]采用铜锌超氧化物歧化酶、过氧化氢酶和十二烷基硫酸钠制备了复合抗氧化酶抑制剂。姜峰等[181]选用碳酸氢钠作为物理阻化成分，高效抗氧化剂茶多酚作为化学阻化成分，开展复配阻化剂优选的实验研究，然后采用TGA-DSC和傅里叶变换红外光谱实验，结合氧化动力学分析方法及分峰拟合技术，分析了复合阻化剂对煤氧化过程特性参数和微观基团的影响，从宏观和微观层面验证了复合阻化剂对煤自燃抑制的高效阻化效果。舒森辉等[182]将茶多酚加入复合配制的表面活性剂溶液中，优选研制出一种发泡效果好、稳定性强、阻燃效果优越的阻化泡沫，泡沫物理堆积扩散隔绝氧气，茶多酚化学阻化降低煤自燃链式反应速率，为煤矿安全生产提供了一种安全环保的物化相结合的复合防灭火材料。B. T. Qin等[183]研究证明高吸水性水凝胶和维生素C复合配制得到的阻化剂，其阻化效果优于单一阻化剂的阻化效果。Y. N. Zhang等[184]采用微胶囊技术，以化学阻化剂为芯材，物理阻化剂为热敏壁材，研发构建了一种通过温度控制释放化学阻化剂的材料，分析了阻化前后煤样在氧化过程中的各项特征参数，得出了该材料阻化性能显著。董希琳[185]采用由海藻类水解得到的天然聚合物(DDS)作为黏附剂和表面覆盖剂,并添加抗氧化剂、阴离子表面活性剂、铵盐、电解质等制成了DDS系列复合水溶液阻化剂,其中每一种成分都具有阻燃作用,既能覆盖煤表面活性中心,又能捕获煤氧化反应自由基,对烟煤氧化自燃具有很强的抑制作用,但存在热稳定性差或自身参与氧化的物质,不宜作为高等级煤自燃阻化剂。

第四节 问题的提出

综上所述,长期以来,国内外研究学者就煤氧化特性以及煤自燃阻化技术进行了大量研究和探索,取得了许多研究成果,但仍存在以下问题有待深入研究。

(1) 目前预防煤自燃的阻化方面,物理作用型阻化剂多以进行降温以及隔绝氧气形成一层保护层覆盖煤体表面达到抑制煤自燃的目的,但一般用量大,且阻化寿命短,随着水分蒸发,阻化效果减弱甚至失效。化学作用型阻化剂可切断煤中活性基团发生的链式反应,与煤中活性官能团络合成稳定的化学键,有着添加少量就起到较好阻化效果的优势,但是目前化学作用型阻化剂一般价格昂贵,有些分解会产生有害气体,因此有待寻找一种绿色环保、价格低廉及阻化作用长久的阻化剂。

(2) 陕北侏罗纪煤经过多年高强度开采,造成了大面积、上下煤层相连相通复杂结构的采空区,由于煤层埋藏浅,采空区与地表之间形成了贯通的裂隙网络,造成漏风通道复杂。侏罗纪煤变质程度低,且挥发分含量基本在30%以上,具有易自燃特性,采空区遗煤氧化蓄热极易发生自燃,威胁着煤矿安全生产。因此,迫切需要研究超大采空区的高效阻化关键技术,实现从煤结构本质上治理陕北不同煤层开采过程中的煤自燃灾害,防止采空区遗煤自然发火。

第五节 研究内容及技术路线

针对侏罗纪煤自燃危害治理的迫切需求及煤自燃阻化技术研究与应用的不足,本书主要研究内容包括以下方面。

(1) 缓释抗氧型阻化剂的制备及性能测试

采用分子修饰方法以及辅色法对天然的葡萄籽中提取的花青素进行改性,通过红外光谱测试反应结果,紫外可见分光光度计测定改性后的抗氧化能力提升情况。采用不同添加量的水滑石插层制备成复合高吸水树脂,确定达到吸液最优化的最佳配比。通过将分子修饰后的花青素与水滑石复合高吸水树脂以不同比例制备的材料进行热测试，研发出最佳比例下的缓释抗氧型阻化剂。

（2）抑制煤氧化过程中微观结构及宏观表征的规律研究

选取陕北侏罗纪不同煤层为研究对象，采用差示扫描量热仪测试原煤与阻化煤自燃过程中的关键宏观表征热效应参数，并确定阻化剂最佳添加质量比。通过原位漫反射傅里叶变换红外光谱实时测试原煤与阻化煤氧化过程中关键活性官能团演化规律。自主搭建程序升温实验台测试原煤与阻化煤氧化过程中释放的碳氧类及烯烃类等气体变化规律。

（3）揭示缓释抗氧型阻化剂抑制煤自燃的机理

采用动态灰色关联的数学方法，将原煤和阻化煤中关键活性官能团与热流强度及 O_2、CO、CO_2、C_2H_4、C_2H_6 气体浓度分别建立量化判定指标。通过关联度大小，确定活性官能团与煤自燃宏观参数之间的贡献程度。结合缓释抗氧型阻化剂结构中活性酚羟基释放 H^+ 阻化煤自燃过程中各类自由基链式反应，揭示阻化剂抑制煤自燃过程中气体表征以及热量释放的本质机理。

本书总体技术路线如图 1.1 所示。

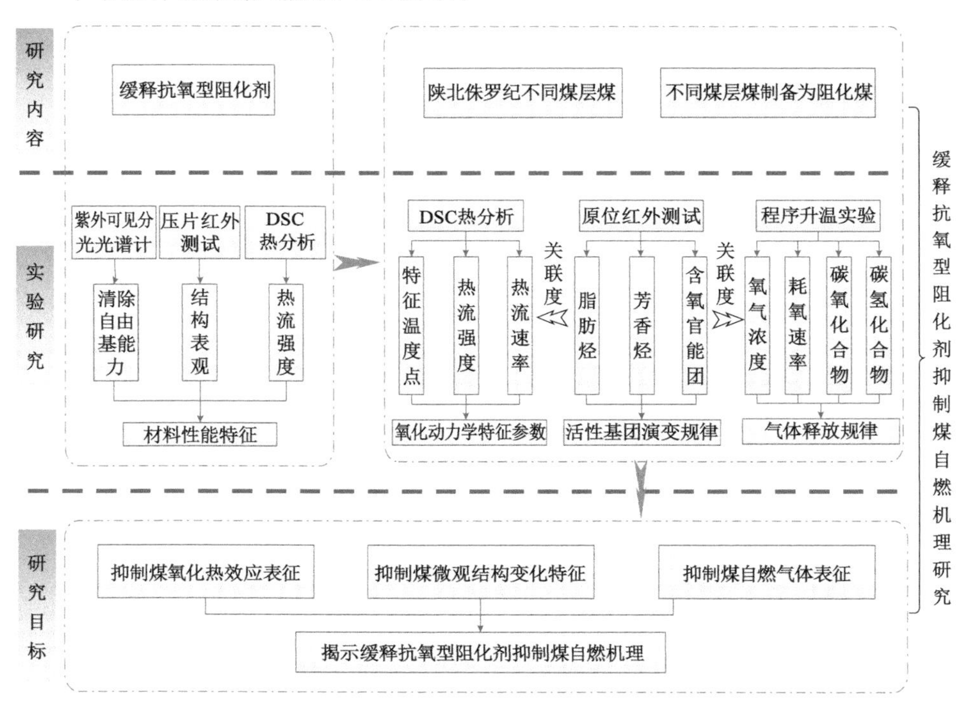

图 1.1 本书总体技术路线

本章小结

本章结合国内外学者的研究成果，围绕煤分子结构分析了煤氧化过程中活性官能团及自由基演化特性，对煤氧化热效应、动力学及气体表征进行了研究，分析了抑制煤自燃的物理作用型阻化剂、化学作用型阻化剂和新型复合阻化剂的优缺点，并针对现有阻化剂的不足，提出从煤本质结构上抑制煤自燃的绿色新型阻化剂，是煤自燃阻化技术研究的发展方向。

第二章 缓释抗氧型阻化剂研制

煤自燃是一个复杂的物理与化学反应过程，目前被国内外学者广泛认可的是煤氧复合诱因理论，认为煤与空气中氧气发生物理与化学吸附作用，同时发生化学反应并释放热量，当热量积聚一定时间时发生煤自燃。随着科学技术的发展，研究人员基于煤自燃的起因和发展过程不断研究。笔者团队采用同步热分析和原位傅里叶变换红外光谱技术，通过 Achar 微分法与 Coast-Redfern 积分法相结合进行动力学计算，发现煤自燃过程中官能团遵循不同的动力学模型逐步自活化并与氧气发生反应。有学者认为煤体破碎伴随煤分子化学键断裂，从而产生大量自由基，自由基与氧气接触发生化学反应并产热，致使发生煤自燃。位爱竹[165]利用电子顺磁共振光谱分析技术证明了煤自燃过程中自由基反应，得出煤低温氧化过程中存在热分解与氧化还原反应等自由基引发机制，随后基于自由基理论，采用抗氧化剂二苯胺阻止煤自由基链反应，使 CO、CO_2气体浓度以及煤样升温速率得到显著降低。但二苯胺具有毒害性且污染环境，因此寻找一种绿色环保化学作用型阻化剂具有很大意义。

笔者通过查阅大量化学作用型阻化剂资料，发现天然花青素具有清除自由基和抑制氧化损伤的作用，且生活中常见的葡萄籽、蓝莓、紫薯、石榴中都富含大量花青素，其中葡萄籽中含量最为丰富。但目前对葡萄籽的综合利用率比较低，有的直接作为饲料使用，有的甚至来不及处理而丢弃，发腐变质污染环境。本着资源化开发利用的宗旨，本章研制一种绿色环保缓释抗氧型阻化剂以实现抑制煤自燃。

第一节 实验样品及测试仪器

一、实验样品

国内外广泛采用 DPPH 分光测定法，用于消除自由基性能研究以及天然抗氧化性强弱测定。DPPH 是一种稳定的自由基，可捕获其他自由基，易溶于乙醇呈现紫色，在波长 517 nm 处有极大峰值。由于 DPPH 浓度衰减程度与波长

517 nm 处吸光度呈正相关，当有抗氧化剂物质存在时，通过测定该波长位置下的峰值来分析物质消除自由基能力。

实验材料如表 2.1 所列。

表 2.1　实验材料

编号	原料名称	制造厂家	纯度
1	DPPH	上海麦克林生化科技股份有限公司	分析纯
2	没食子酸	上海麦克林生化科技股份有限公司	分析纯
3	丙酸酐	上海麦克林生化科技股份有限公司	分析纯
4	吡啶	上海麦克林生化科技股份有限公司	分析纯
5	氯化亚砜	上海麦克林生化科技股份有限公司	分析纯
6	二氧六环	上海麦克林生化科技股份有限公司	分析纯
7	二氯甲烷	上海麦克林生化科技股份有限公司	分析纯
8	氢氧化钠	上海麦克林生化科技股份有限公司	分析纯
9	丙酮	天津市天力化学试剂有限公司	分析纯
10	乙酸乙酯	上海麦克林生化科技股份有限公司	分析纯
11	L-脯氨酸	上海麦克林生化科技股份有限公司	分析纯
12	苹果酸	上海麦克林生化科技股份有限公司	分析纯
13	丁二酸酐	上海麦克林生化科技股份有限公司	分析纯
14	氯化钙	上海麦克林生化科技股份有限公司	分析纯
15	氯化镁	上海麦克林生化科技股份有限公司	分析纯
16	广泛 pH 试纸	上海麦克林生化科技股份有限公司	分析纯
17	丙烯酸	上海麦克林生化科技股份有限公司	分析纯
18	N,N′-亚甲基双丙烯酰胺	上海麦克林生化科技股份有限公司	分析纯
19	氢氧化钠	上海麦克林生化科技股份有限公司	分析纯
20	过硫酸钾	上海麦克林生化科技股份有限公司	分析纯
21	去离子水	实验室自制	电导率小于或等于 10^{-6} S/cm
22	镁铝水滑石	西安道生化工科技有限公司	分析纯

二、测试仪器

(1) 紫外可见分光光度计

紫外可见分光光度计工作原理是物质对光的吸收具有选择性，在光照射下，产生吸收效应。不同的物质具有不同的吸收光谱,当某单色光通过溶液时,其能量就会因被吸收而减弱,光能量减弱的程度和物质浓度呈一定比例关系。上海佑科仪器仪表有限公司生产的 UV759 紫外可见分光光度计,是一款高分辨率,低杂散光,具有点阵式液晶显示的扫描型光度计,其功能齐全、测试准确、性价比高,可满足花青素抗氧化性能测试的要求。该仪器结构主要包括光源、样品室、检测处理器及显示器。UV759 紫外可见分光光度计与石英比色皿实物图如图 2.1 所示。

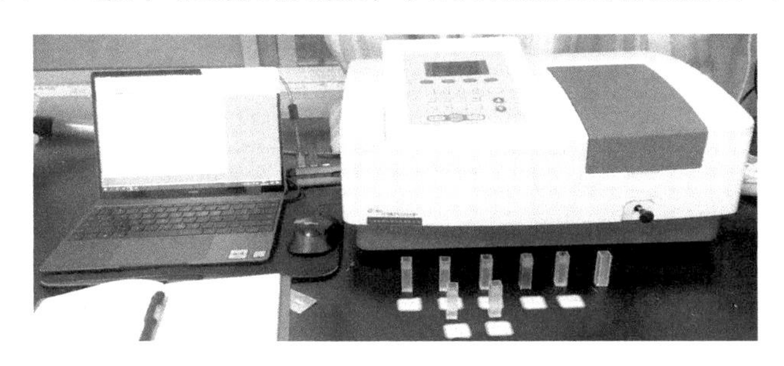

图 2.1　UV759 紫外可见分光光度计与石英比色皿实物图

(2) 红外光谱分析仪

红外光谱分析仪工作原理是用一定频率的红外线聚焦照射被分析的样品时,如果分子中某个基团的振动频率与照射红外线频率相同便会产生共振,从而吸收一定频率的红外线,把分子吸收红外线的情况用仪器记录下来,便能得到全面反映样品成分特征的光谱,进而推测化合物的类型和结构。

为更好地评价分子修饰后的花青素结构,采用赛默飞世尔科技(中国)有限公司生产的 Nicolet iS5 红外光谱分析仪进行压片红外测试。图 2.2 为 Nicolet iS5 红外光谱分析仪实物图,其性能参数为:平面镜电磁驱动迈克尔逊干涉仪,具有数字连续动态调整和 DSP(数字信号处理器)控制功能,动态调整频率为 130 000 Hz,光谱范围为 400～4 000 cm^{-1},光谱分辨率大于 0.5 cm^{-1}等。

(3) 差示扫描量热仪

热分析是在程序控制温度下,测量物质的物理化学性质与温度之间关系的一类技术,主要用于研究物理变化(晶型转变、熔融、升华和吸附等)和化学变化(脱水、分解、氧化和还原等)。热分析不仅提供热力学参数,而且还可给出有一定参考价值的动力学数据。因此,热分析在材料的研究和选择、热力学和动力学的理论研究上都是很重要的分析手段。

凯璞科技(上海)有限公司生产的 Setline DSC 差示扫描量热仪精度高且可满足学术研究中反复、快速实验的热分析实验。该仪器主要包括传感器、电阻

图 2.2　Nicolet iS5 红外光谱分析仪实物图

炉、气路控制模块。传感器由镍铬-康铜合金制成，采用平板形 DSC 样品杆技术设计，确保在整个温度范围(－170～700 ℃)内均可保持非常高的灵敏度。传感器置于体积小、热惰性低的电阻炉中。炉内温度保持极高的一致性，可提供高质量的数据并保证热反应和转变过程中样品温度的精确测量。气路控制模块含有进气口和出气口，气体经过流量计控制流量后从进气口通入装样品室，并由出气口排出。Calisto 数据采集软件可直观设置所有实验程序的条件和参数实现 DSC 的控制和数据采集，而 Calisto 数据处理软件可实现强大的峰处理功能，包括积分、基线选择、温度及去卷积等功能。因此，在程序升温过程中，通过测量煤样与参考物之间的热流差，可以反映所有与热效应有关的物理变化和化学变化。Setline DSC 差示扫描量热仪仪器参数如表 2.2 所列，系统图如图 2.3 所示。

表 2.2　Setline DSC 差示扫描量热仪仪器参数

项目	技术规格
温度范围	室温至 700 ℃（标准配置）
程序控温扫描速率	0.01～100.00 ℃/min
温度准确度	±0.1 ℃(标准金属)
温度精度	±0.05 ℃
量热分辨率	0.1 μW
量热范围	±6 000 mW
量热准确度	±0.8%(标准金属)
量热精度	±0.1%
气氛控制	双路独立气流控制装置，软件编程全自动切换(标准配置)
稳压、稳流控制	外置多路气流稳压、稳流控制装置(选配)
电源要求	230 V-50 Hz/60 Hz
工作站软件	进口工作站软件，可独立安装实验编程与数据分析模块

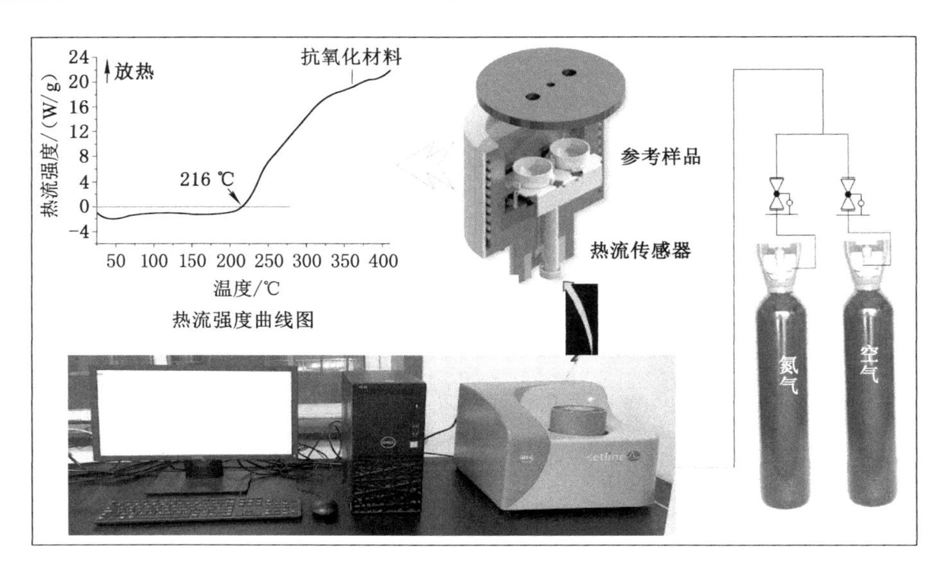

图 2.3　Setline DSC 差示扫描量热仪系统图

实验主要所用的仪器如表 2.3 所列。

表 2.3　实验主要所用的仪器

编号	仪器	型号	生产厂家
1	集热式恒温磁力搅拌器	DF-101S	上海秋佐科学仪器有限公司
2	精密增力电动搅拌器	JJ-1	国华(常州)仪器制造有限公司
3	电子天平	FA2004	上海舜宇恒平科学仪器有限公司
4	电冰箱	BD/BC-SSKSV	合肥美的电冰箱有限公司
5	旋转蒸发器	YRE-5299	巩义市予华仪器有限责任公司
6	循环水式多用真空泵	SHZ-D(Ⅲ)	上海力辰邦西仪器科技有限公司
7	真空干燥箱	DZF 型	北京科伟永兴仪器有限公司
8	电热鼓风干燥箱	101-OAB	北京科伟永兴仪器有限公司
9	冷冻干燥机	LC-10N-50A	上海力辰仪器科技有限公司
10	实验室超纯水机	UPT-II-20T	西安优普仪器设备有限公司
11	超声波清洗器	KQ3200B	昆山市超声仪器有限公司
12	多功能粉碎机	800Y	浙江铂欧电器有限公司
13	移液器	Discovery-E+系列	上海力辰仪器科技有限公司
14	紫外可见分光光度仪	UV759	上海佑科仪器仪表有限公司
15	红外光谱分析仪	Nicolet iS5	赛默飞世尔科技(中国)有限公司
16	DSC 差示扫描量热仪	Setline DSC	凯璞科技(上海)有限公司

第二节　抗氧化剂的优选及改性

一、花青素化学结构及分子修饰原理

(1) 花青素结构

花青素是广泛存在于植物体内具有很强自由基消除能力的抗氧化剂,其分子结构由两个芳香环和一个含氧杂环构成。目前,已证实数万种植物中均含有花青素,覆盖27个科与73个属,是丰富的可再生资源,花青素来源的主要类型如表2.4所列[186]。花青素作为可再生的绿色资源及功能性天然产物,其合理资源化利用有着广阔的前景。

表2.4　花青素来源的主要类型

序号	类型	来源
1	树皮	海岸松、花旗松、罗汉松、北美岸柏、扁桃、土耳其侧柏、白桦树、银杏等
2	枝叶	野生刺葵、番荔枝、日本莽草、耳叶番泻、西谷椰子、贯叶金丝桃、头状胡枝子、粘胶乳香树、欧洲七叶树等
3	种皮	花生(内皮)、高粱壳、大麦皮、可可、槟榔(籽)等
4	药材	越橘、地榆、麻黄、大黄、桂皮、薯莨、洋委陵菜等
5	果实	葡萄、山楂、英国山楂、单子山楂、猕猴桃、黑加仑、苹果、柿子、杨梅等
6	食品	茶、咖啡、葡萄汁、红葡萄酒、苹果汁、啤酒、橙汁等

花青素,别名花色素,在20世纪60年代,Freudenberg与Weinges提出了"原花色素"概念,原花色素是指从植物中分离出的无色的、在热酸处理时能产生花色素的物质[186]。花青素分子结构以双苯甲酰基环C-6(A环)、双苯甲酰基环C-3(B环)、C-6杂环(C环)为基本的碳骨架,根据B环及C环上取代基种类和位置等特征,花青素可分为不同种类,典型的花青素单体分子结构如图2.4所示。

花青素是目前发现最有效的抗氧化剂,也是最强效的自由基消除剂。该分子结构单元的芳香环有多个邻、间位活性酚羟基,可强烈释放H^+给各类自由基,并终止自由基链式反应,从而防止氧化,其机理如下:

$$AH + ROO\cdot \longrightarrow ROOH + A\cdot \tag{2.1}$$

$$AH + RO\cdot \longrightarrow ROH + A\cdot \tag{2.2}$$

花青素芳香环上的供电子取代基提高了氢原子的活性,使酚羟基成为供氢

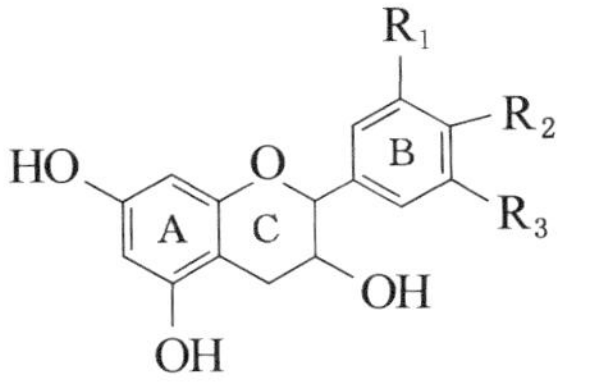

① 天竺葵素：R_1为H；R_2为OH；R_3为H
② 矢车菊色素：R_1为OH；R_2为OH；R_3为H
③ 飞燕草色素：R_1为OH；R_2为OH；R_3为OH
④ 芍药色素：R_1为OMe；R_2为OH；R_3为H
⑤ 牵牛色素：R_1为OMe；R_2为OH；R_3为OH
⑥ 锦葵色素：R_1为OMe；R_2为OH；R_3为OMe

图 2.4　典型的花青素单体分子结构

体，可释放氢给自由基（RO·与 ROO·），生成 ROH 与 ROOH 从而终止自由基引发的链式反应，自身分子结构转变为稳定的酚基自由基。

（2）分子修饰花青素原理

抗氧化剂是一种能够减缓或者消除氧化反应的一类物质，根据来源不同，可划分为天然和人工合成抗氧化剂，常见的天然抗氧化剂有花青素、茶多酚、β-胡萝卜素、维生素 C、维生素 E 及盐藻多糖等。人工合成抗氧化剂存在诸多安全隐患，而天然抗氧化剂具有可再生且绿色安全环保的特点，受到人们青睐。花青素作为植物次生代谢产物，属于多酚类化合物，是一种很好的自由基消除剂，可终止自由基链式反应，达到防治氧化的目的。目前，学者对上百种植物的花青素成分进行研究，发现天然花青素的分子结构不稳定且易受 pH、温度以及氧气浓度等因素的影响，减弱其原有性质。

本节针对从葡萄籽中提取的天然花青素进行分子修饰，将没食子酸与花青素分子酰基化得到改性花青素，来弥补花青素原结构性质上的不足，提升其结构的稳定性与抗氧化活性。没食子酸分子修饰花青素的改造技术路线，如图 2.5 所示。

二、改性花青素制备

（1）分子修饰花青素

分子修饰就是利用有机化学合成或发酵技术等方法使花青素分子结构发生改变，例如将某些部位进行酰基化或者酯化等，得到新生的分子结构具有不同以往的特性，可极大地提升花青素结构的稳定性及抗氧化性[187]。本节分子修饰花青素的详细实验步骤描述如下。

① 保护没食子酸羟基：将没食子酸置于真空干燥箱在 120 ℃环境下干燥 50 h，烘干至恒重为止。在冰浴环境下，将无水没食子酸、丙酸酐与无水吡啶按 1∶4∶4 的摩尔比依次加入 1 000 mL 的三颈烧瓶中，搅拌使没食子酸完全溶解。随后在 25 ℃的条件下油浴缓慢搅拌（转速为 200 r/min）反应 15 h，直到反

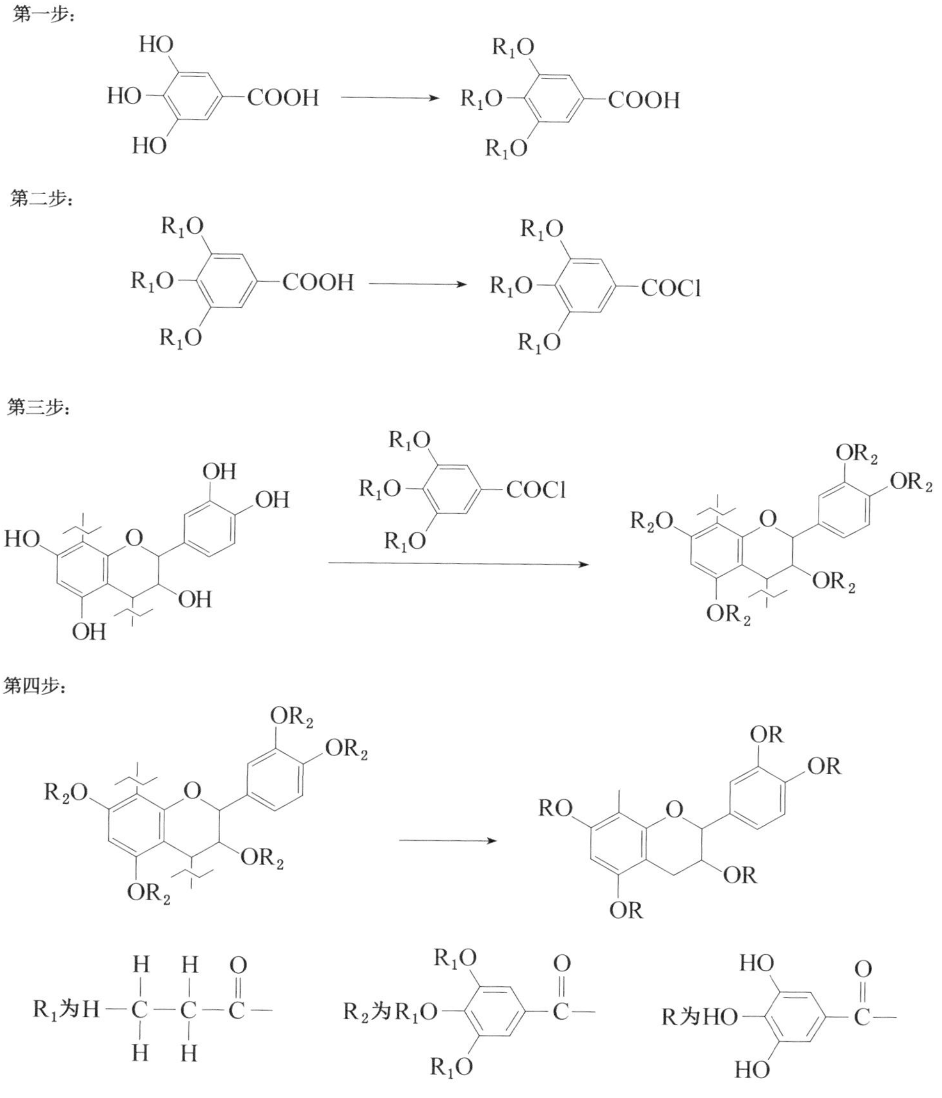

第一步:

HO
HO—COOH ——→ R_1O—COOH
HO
R_1O
R_1O

第二步:

R_1O
R_1O—COOH ——→ R_1O—COCl
R_1O
R_1O
R_1O

第三步:

OH
OH
HO O
OH
OH

R_1O
R_1O—COCl
R_1O

OR_2
OR_2
R_2O O
OR_2
OR_2

第四步:

OR_2
OR_2
R_2O O
OR_2
OR_2
——→
OR
OR
RO O
OR
OR

R_1为H—C—C—C— (H H O; H H)

R_2为R_1O—C— (R_1O; R_1O; O)

R为HO—C— (HO; HO; O)

图 2.5　没食子酸分子修饰花青素的改造技术路线

应体系中没有没食子酸残余。当反应结束后,向反应体系中加入 5 倍体积的去离子水,并迅速搅拌(转速为 550 r/min),再缓慢加入盐酸将反应体系 pH 值调节至 1。此时混合溶液中出现大量白色沉淀,停止搅拌,静止 24 h 后抽滤收集固体沉淀。产物用冷去离子水清洗后，在室温环境下进行真空干燥至恒重，得到白色粉末即酰化没食子酸，实验过程如图 2.6 所示。

图 2.6 第一步制备过程

② 没食子酰氯的制备：称量酰化没食子酸固体，加入 1 000 mL 圆底烧瓶中，再按质量比 1∶3 的比例加入无水氯化亚砜。在 80 ℃条件下油浴回流，通过薄层色谱法(TLC)追踪反应进度，当检测不到酰化没食子酸时，反应结束，共搅拌反应 5 h。为彻底去除反应体系中的氯化亚砜，加入 20 mL 二氯甲烷溶解反应物，在 50 ℃环境下进行旋转蒸发除去氯化亚砜，析出晶体。通过多次重复溶解蒸发，直至无刺激性气味，得到浓缩棕色晶体。在室温条件下将晶体置于培养器皿中进行真空干燥，充分蒸干至恒重，得到白色粉末即没食子酰氯，实验过程如图 2.7 所示。

③ 花青素与没食子酰氯反应：称取 16.10 g(0.05 mol)酰化没食子酰氯溶于 30 mL 二氧六环中，分别加入 2.87 g(0.01 mol)花青素与 4.0 mL(0.05 mol)吡啶，在 50 ℃的条件下不断搅拌回流反应 5 h。当反应结束后，通过旋转蒸发仪在负压 0.08 MPa 条件下，加入 30 mL 去离子水与 30 mL 无水乙醇，不断蒸出二氧六环和吡啶，得到产物晶体。过滤出产物，反复用去离子水清洗与抽滤。将抽滤后的物质进行常温下真空干燥直至恒重，即得到没食子酰化花青素，实验过程如图 2.8 所示。

④ 没食子酰化花青素脱酰基反应：将没食子酰化花青素溶于 20 mL 的丙酮中，在冰浴中将反应体系的环境温度降温至 0 ℃，搅拌并滴加氢氧化钠溶液，控

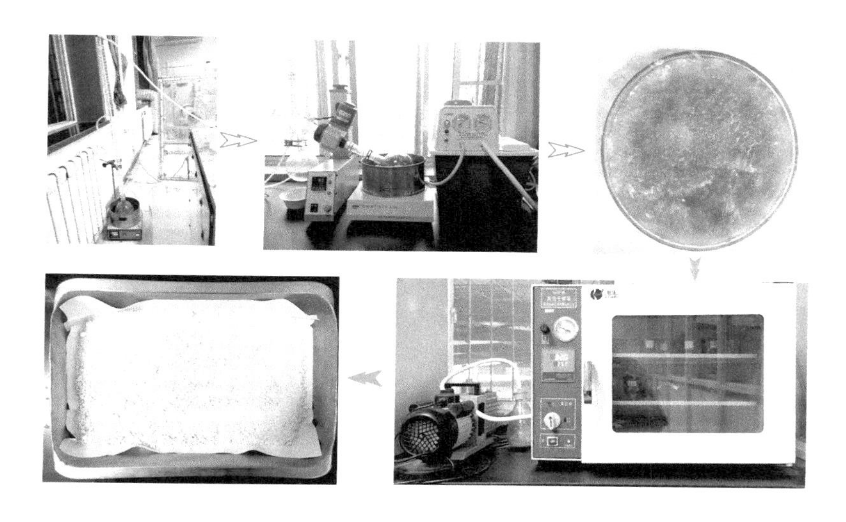

图 2.7　第二步制备过程

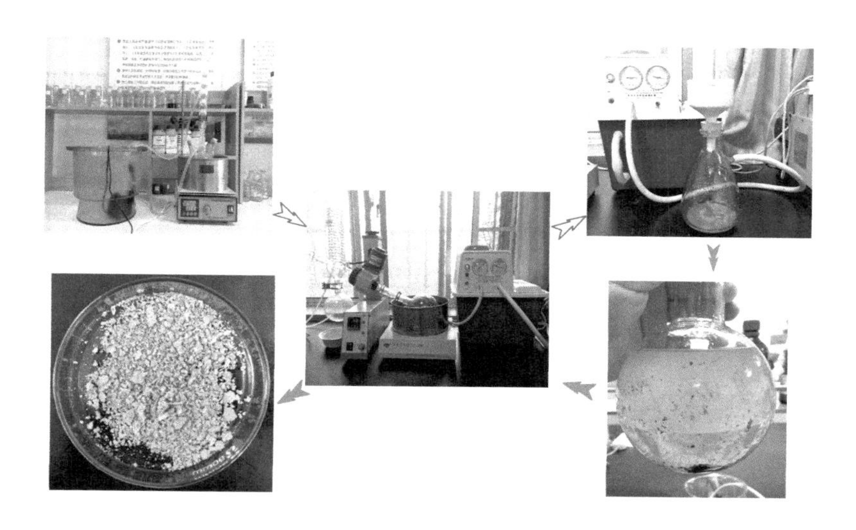

图 2.8　第三、四步制备过程

制 pH 值为 8，在 0 ℃条件下静置 3 h。反应结束后用盐酸将反应体系 pH 值酸化为 3。用旋转蒸发仪蒸出丙酮，得到固体物质，将抽滤后的固体溶于乙酸乙酯，并用去离子水洗涤酯层，减压蒸出乙酸乙酯，得到最终目标产物，实验过程如图 2.8 所示。

(2) 辅色因子改性花青素

通过添加外源化学物质(辅色素或辅色因子)也可维持花青素的稳定性,保持长久的抗氧化性,这种方法就叫辅色作用。目前发现许多辅色因子可以提升花青素稳定性及抗氧化性,包括氨基酸、有机酸、酸酐以及金属离子等。因此,本节采用辅色作用对花青素进行改性。

① 氨基酸改性花青素

氨基酸,如 L-脯氨酸、L-甘氨酸、L-苯丙氨酸、L-天冬氨酸与 L-谷氨酸,均可对花青素进行改性,其中 L-脯氨酸对提升花青素的稳定性和抗氧化活性都有一定积极作用[188]。因此,本节选择性能更优的 L-脯氨酸改性花青素,将花青素与 L-脯氨酸按照摩尔比为 1∶750 在 1 000 mL 的圆底烧瓶中混合,加入 300 mL 去离子水溶解,并用 0.1 mol/L 的盐酸将混合液 pH 值调为 3,轻微震荡使溶液充分混合均匀,然后将装有混合液的圆底烧瓶置于水浴锅中连续搅拌加热反应 6 h,温度设置为 90 ℃,反应结束后放置冰浴中冷却 5 min,最后干燥得到最终产物,如图 2.9(a)所示。

(a) L-脯氨酸改性花青素

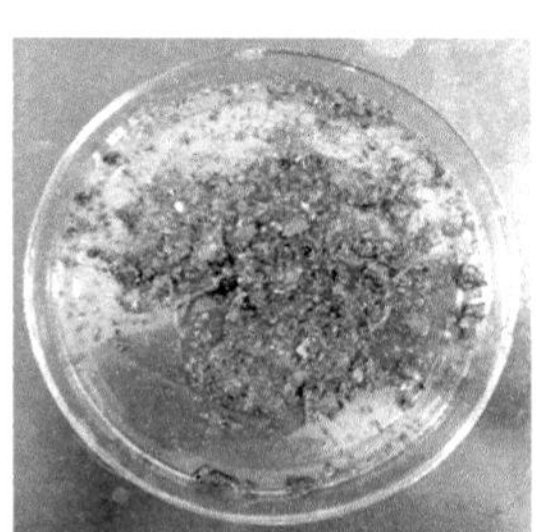

(b) 苹果酸改性花青素

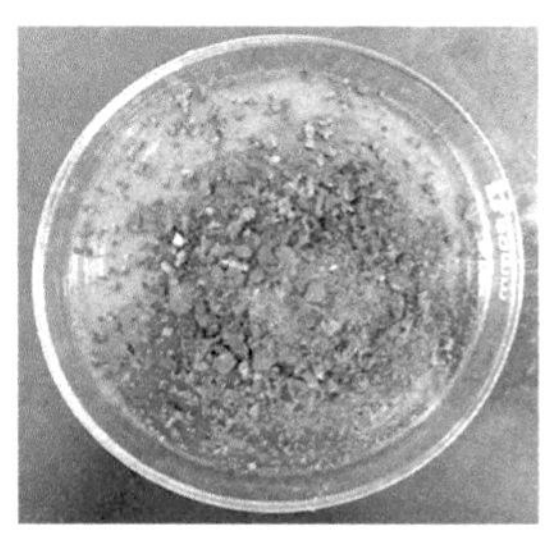

(c) 丁二酸酐改性花青素

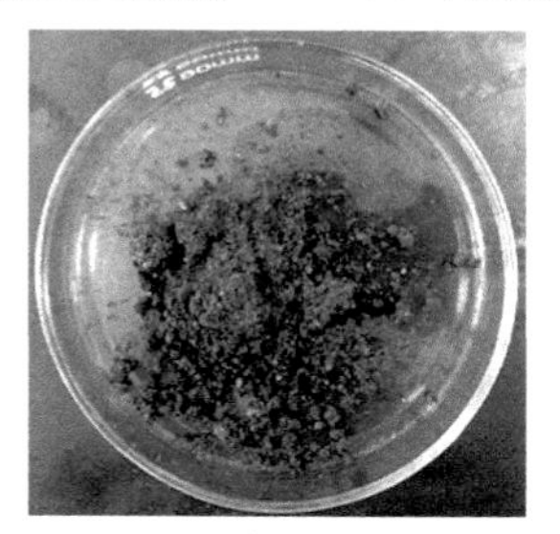

(d) Ca^{2+}改性花青素

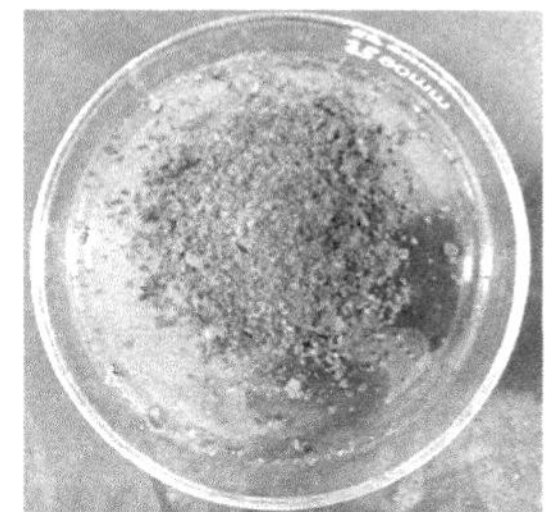

(e) Mg^{2+}改性花青素

图 2.9 L-脯氨酸、苹果酸、丁二酸酐、Ca^{2+} 及 Mg^{2+} 改性花青素

② 有机酸改性花青素

苹果酸辅色后的花青素的稳定性能够得到提升。参考古明辉等[189]采用正

交实验得出的最佳比例，本节设计苹果酸改性花青素实验方案如下：称取 3.5 g 苹果酸、100 mL 吡啶和 1.0 g 花青素溶于 300 mL 浓度为 50% 乙醇溶液中，在水浴 50 ℃ 环境下不断搅拌反应 5 h，反应结束后用旋转蒸发仪在 50 ℃ 且负压 0.06 Pa 条件下除去吡啶和乙醇，然后逐步升温升压蒸出水，待没有乙醇和吡啶气味时，将剩余液体倒置培养皿中真空干燥制得最终产物，如图 2.9(b) 所示。

③ 丁二酸酐改性花青素

丁二酸酐对花青素进行辅色修饰可提升其稳定性[190]。本节设计丁二酸酐改性花青素实验方案如下：采用电子天平准确称取 5.0 g 花青素粉末溶解于 300 mL 浓度为 30% 的甲醇溶液中，用 0.1 mol/L 的盐酸（2.5 mL 浓盐酸溶解于 250 mL 去离子水）将溶液 pH 值调为 6。按照花青素与丁二酸酐的质量比为 1∶0.75，称取 3.75 g 丁二酸酐加入混合溶液中，在 60 ℃ 水浴环境中进行不断搅拌反应 4 h，冷却至常温，置于冰箱冷藏 12 h，得到固体产物，并对产物进行过滤，对滤液进行干燥得到最终产物，如图 2.9(c) 所示。

④ 金属离子改性花青素

金属离子可以与花青素发生螯合作用，从而提供更稳定的氢自由基，使多酚类物质呈现出更强的消除自由基和抗氧化性的能力。基于 X. X. Zhong 等[191]对葡萄籽花青素改性方法，本节设计金属离子改性花青素实验方案如下：按照金属离子与花青素的质量比为 1∶3，分别准确称取花青素、$CaCl_2$ 及 $MgCl_2$ 粉末，混合于 100 mL 的去离子水中，并利用超声波振动使其快速溶解，在 25 ℃ 的条件下油浴缓慢搅拌（转速为 200 r/min）反应 1 h，得到螯合反应产物，干燥除水得到最终产物，如图 2.9(d) 和图 2.9(e) 所示。

三、性能表征

(1) 红外光谱特征

将花青素与分子修饰后的花青素分别进行压片红外测试，得出的红外光谱图如图 2.10 所示，并通过对红外光谱图比较鉴定反应效果。

由图 2.10 可知，分子修饰后的花青素在波数 3 400～3 748 cm^{-1} 处存在一个宽且吸光度很大的峰，该处对应着芳香环与糖基上的羟基的伸缩振动，分子修饰后的花青素的吸光度明显小于未修饰的花青素的吸光度，表明经过分子修饰后形成大量的羟基。波数 1 655 cm^{-1} 处出现酯键的 C═O 伸缩振动，该信号证明羰基是由于分子修饰后在结合点处产生的，同时酯羰基与苯环共轭，信号峰向低频位置移动，分子修饰后的红外光谱图在该处峰强度增强明显。结合红外光谱图中羟基与羰基的峰强度变化情况，很好地展现了分子修饰后的花青素分子

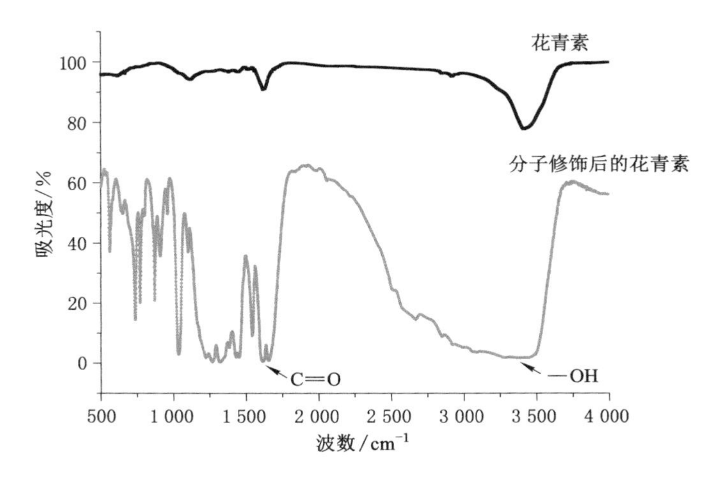

图 2.10　花青素及分子修饰后的花青素的红外光谱图

结构特征,有效证明了花青素修饰的成功制备。

(2) 抗氧化活性

Gadow 最先创建的 DPPH 法,被公认为短时间可得出物质抗氧化性的方法。目前国内外广泛采用 DPPH 分光测定法用于消除自由基物质性能研究以及天然抗氧化剂强弱测定。DPPH 是一种稳定的自由基,可捕获其他自由基,易溶于乙醇呈现紫色,在波长 517 nm 处有极大峰值。由于 DPPH 浓度衰减程度与波长 517 nm 处吸光度呈正相关,当有抗氧化剂存在时,可通过测定该波长位置下的峰值来分析物质的消除自由基能力。将 DPPH 配置成 200 μmol/L 的乙醇溶液,并将待测抗氧化剂配置为不同浓度溶液待测,取试管分别加入 2 mL 的 DPPH 溶液与 2 mL 的待测溶液,混合均匀,暗处静置 30 min 后进行残余量的测试。

物质对 DPPH 的消除能力可由式(2.3)计算。

$$S_A = \left(1 - \frac{A_i}{A_0}\right) \times 100\% \tag{2.3}$$

式中　S_A——DPPH 消除率,%;

A_i——样品在波长 517 nm 处的吸光度,%;

A_0——DPPH 溶液在波长 517 nm 处的吸光度,%。

基于式(2.3)与残余量 DPPH 值,计算得出不同浓度下花青素及改性花青素的 DPPH 消除率,如表 2.5 所列、如图 2.11(a)所示。

表 2.5 不同浓度下花青素及改性花青素的 DPPH 消除率

浓度/(μg/mL)	DPPH 消除率/%						
	花青素	分子修饰后的花青素	L-脯氨酸改性花青素	苹果酸改性花青素	丁二酸酐改性花青素	Mg^{2+}改性花青素	Ca^{2+}改性花青素
5	13.1	21.9	16.6	14.2	14.6	13.9	14.1
10	21.7	32.1	25.8	23.6	22.9	22.9	23.8
20	33.2	46.5	38.9	34.6	35.8	34.1	35.9
40	52.4	69.4	60.8	54.7	54.3	55.4	57.9
60	71.3	84.5	79.6	75.9	74.8	74.8	76.1
80	83.9	91.6	88.9	86.9	87.6	86.4	88.5
100	91.5	95.7	93.4	92.3	91.9	91.7	92.6

由表 2.5 与图 2.11(a)可知,花青素与改性花青素消除 DPPH 的能力都较强,且消除率随着浓度的上升均明显增大。

另外,半抑制消除浓度(IC_{50})常被用作表达抗氧化剂消除自由基的能力,是指自由基剩余一半时所需要的抗氧化剂的浓度,半抑制消除浓度越小,表明其待测物质的抗氧化性能力越强。花青素及改性花青素的半抑制消除浓度如图 2.11(b)所示,由图可知,分子修饰后的花青素的抗氧化性能力最强,其他改性方法对抗氧化性能力也有一定提升,但均没分子修饰的效果显著。结果表明没食子酸分子修饰花青素能够改变其原有的特性,比分子间的辅色作用更能增

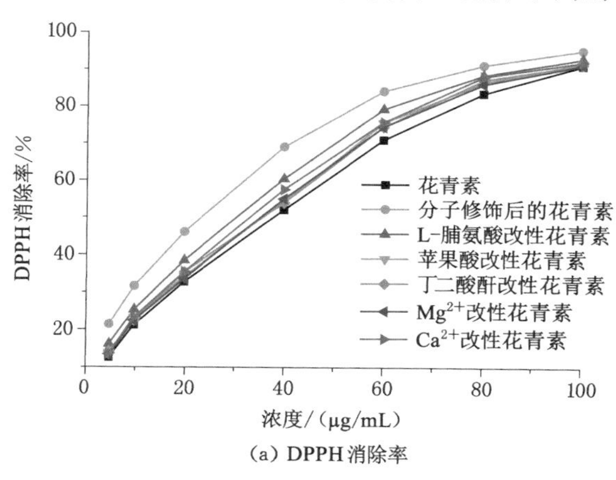

(a) DPPH消除率

图 2.11 花青素及改性花青素抗氧化性能力

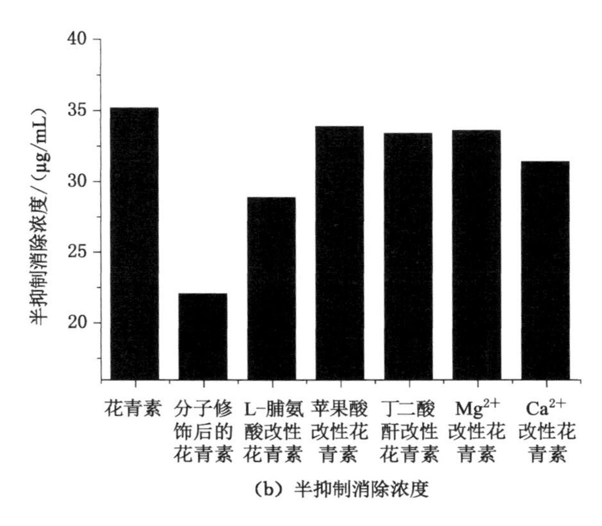

(b) 半抑制消除浓度

图 2.11 (续)

强抗氧化性能力。由于样品的抗氧化性能力的大小与分子中酚羟基的多少成正比,即酚羟基越多的物质的消除自由基能力越强。而分子修饰后的花青素在结构上形成了大量的羟基,因此,其具有更优的抗氧化活性。

花青素分子酰化后形成了一种特有的"三明治"结构,有机酸与糖相连,由于这些糖链具有翻折的性质,使分子修饰后的酸与糖结合,将花青素夹在中间,这种叠加现象对花青素有很好的保护作用,可很好地抵抗 pH、光照以及温度等条件的影响,提升了结构的稳定性[192]。没食子酸与花青素通过有机化学合成酰化产物,形成了花青素保护结构,从分子角度弥补了天然花青素分子结构不稳定的缺陷。

第三节　嫁接热稳定材料的制备

一、水滑石复合高吸水树脂制备原理

由于煤氧化自燃是一个多阶段逐步反应过程,为使抗氧化剂实现对煤自燃的持续高效化学抑制,可以嫁接一种热稳定材料形成复合材料,实现缓慢释放抗氧化剂。应用于矿井火灾治理的高分子凝胶灭火剂,是一种具有松散网状结构的低交联度亲水高分子极性化合物,吸水能力强且保水性好。高吸水性凝胶放入水溶液中,聚合物网络能够吸液溶胀,且可以吸收高达自身数千倍的水。改性

后的花青素含有大量酚羟基，具有良好的极性，极性大的树脂对其具有很强的吸附能力且吸附后不容易洗脱，可以很好地交联融入抗氧化剂，形成一种立体网状结构。在煤自燃氧化升温过程中，稳定的网状结构可以不断释放抗氧化剂，阻断煤自燃各阶段中发生的链式基元反应。

近年来，为了更大限度满足矿井防灭火需求，学者们对高吸水树脂尝试了不同方法进行改性来提高吸水树脂的热稳定性能，比如采用无机材料制备成有机-无机复合高吸水树脂。其中绿色环保型的黏土矿物作为无机材料接枝共聚合成高吸水性材料最为普遍，如水滑石、高岭土、凹凸棒土及蒙脱土等。其中水滑石的结构在受热分解时全过程都为吸热反应，随着温度升高，首先水滑石结构中层间水以及物理吸附水脱出，随后结晶水被破坏，出现吸热脱出，有序层状结构逐渐破坏，金属氧化物烧结为结晶石吸热，吸热性质更优，最常见的是镁铝水滑石。

目前，无氯绿色热性能优越的水滑石作为无机材料改性高吸水树脂的报道相对较少。本节基于水滑石优越性能，先将水滑石进行插层，实现有机改性后的水滑石与吸水聚合物树脂上的支链以化学键交联，热稳定的水滑石嫁接至树脂网状结构后，扩展了树脂网链结构，提升了吸水树脂的吸液率和热稳定性。

二、实验材料制备

① 水滑石插层：无机层状的镁铝水滑石黏土，作为添加剂与高分子材料形成高吸水树脂。由于无机相物质在吸水树脂中的相容性比较差，会造成一定分离现象，因此在制备水滑石复合高吸水树脂前先将水滑石进行有机改性。水滑石层间的阴离子具备可交换性，将带有阴离子基团的有机物通过离子交换法对水滑石进行插层，即可制备有机改性的水滑石，有学者将丙烯酸、2-丙烯酰胺-2-甲基丙磺酸或者二者共同插入水滑石层间[193]，但是硫元素易形成有害气体，考虑到绿色环保性，本步骤换为丙烯酸。量取 25 mL 的丙烯酸并加入去离子水稀释，称取氢氧化钠固体 25 g，在 500 mL 的烧杯中用 75 g 去离子水进行溶解，制备成 25%的溶液，对稀释后的丙烯酸在冰浴环境下加入氢氧化钠溶液进行中和，直到 pH 值为 8。称取 20 g 西安道生化工科技有限公司生产的镁铝水滑石加入上述配置好的溶液，在氮气气氛保护下，于 65 ℃温度环境下进行离子交换反应 48 h，最后对反应体系进行洗涤与抽滤，在 70 ℃条件下将滤饼烘干 24 h，得到水滑石的插层产物。

② 水滑石复合高吸水树脂制备：采用水溶解法制备最终材料，制备交联剂溶液（N，N′-亚甲基双丙烯酰胺），称取一定质量的交联剂溶解到适量去离子水中，待完全溶解后倒入 100 mL 的容量瓶中，再用少量去离子水洗涤搅拌棒与烧杯，将洗涤液倒入容量瓶，重复进行 3 次，然后往容量瓶中加入去离子水至液面

与刻度线平行定容，盖上瓶盖后进行多次翻转，使溶液混合均匀待用，采用同样方法制备需求浓度的引发剂溶液（过硫酸钾）。将装有搅拌器、冷凝管温度剂与氮管的四口烧瓶置于冰浴中，加入丙烯酸并逐滴加入配置好的氢氧化钠溶液，不断搅拌进行中和至 90%。向中和后的混合液中加入插层的水滑石粉末（含量分别为 3%、6%、9%与 12%）和交联剂溶液，待机械搅拌均匀后置入超声波清洗机进行 30 min 分散。开始通氮气排出氧气，加热，待温度上升至 75 ℃时，逐滴加入引发剂溶液，充分搅拌反应 3 h，直至溶液全部转为凝胶且没有丙烯酸味道，反应截止，得到初品。最后，将初品剪碎成颗粒置于 80 ℃真空干燥箱进行 20 h 真空干燥，得到最终产物即水滑石复合高吸水树脂。水滑石改性高吸水树脂的工艺流程如图 2.12 所示。

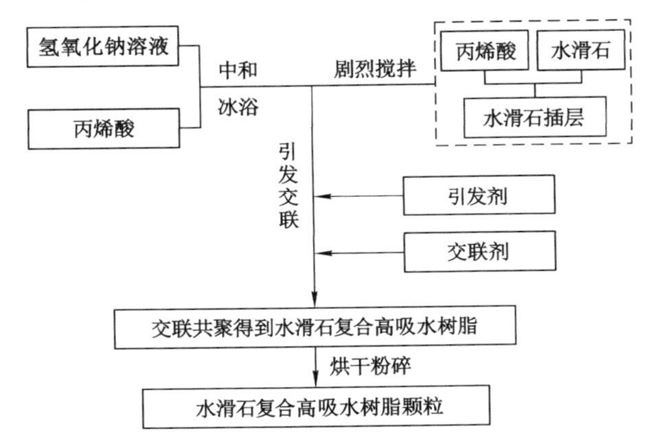

图 2.12　水滑石改性高吸水树脂的工艺流程

三、性能表征

(1) 吸液率测试

分别称取 0.2 g 不同含量水滑石改性的高吸水树脂，在常温常压条件下加至 500 mL 去离子水中，使测试样品充分吸收水，用 200 目尼龙布袋滤去多余水后称重，计算样品的吸液率。样品吸液率的计算公式如式(2.4)所示。

$$Q = (M_0 - M)/M_0 \tag{2.4}$$

式中　Q——样品吸液率，g/g；

M_0——吸液后树脂的总质量，g；

M——干燥样品质量，g。

分别对不同含量水滑石改性的高吸水树脂进行吸液前后质量测试，然后结

合式(2.4)计算得到样品吸液率,结果如图2.13所示。

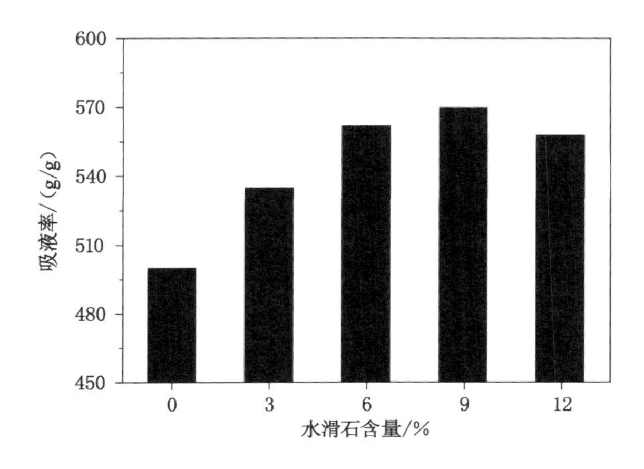

图2.13　水滑石含量对改性高吸水树脂吸液率的影响

高吸水性凝胶溶胀动力包括两个方面:① 高分子链上的盐发生电离作用,离解为可自由移动的阳离子如 H^+、Na^+、K^+、NH_4^+ 等,以及固定在链上的梭酸根离子。因邻近的梭酸根离子的排斥作用,使得聚合物网络膨胀,造成一定的负压,使水进入网络内部,形成溶胀的凝胶。② 高分子链上的亲水基团与水接触时形成氢键,使游离水转为结合水。由图2.13可知,水滑石作为一种阴离子层状黏土矿物,在双层之间存在许多亲水性羟基,通过插层处理后改善了无机黏土与有机树脂分离的现象,提高了水滑石的分散度,防止了无机黏土团聚,很大程度提升了吸水树脂的吸液率。这是由于水滑石上的羟基与高分子聚合物链上的醚基反应,成为聚合物网络中的交联点,产生了更多接枝,形成了一个大的网络结构,结合了更多水分子。随着水滑石含量添加到9%时,改性高吸水树脂的吸液率出现极大值,说明水滑石含量与改性高吸水树脂吸液性能呈现非线性关系。这是由于水滑石添加量不断增加,网状结构上会形成大量的交联点,一些水滑石逐渐转为一种物理添加剂集聚在聚合物网状结构中,导致改性高吸水树脂的吸液率逐渐降低。因此,水滑石含量为9%的改性高吸水树脂,吸液性能最优。

(2) 热性能测试

水滑石具有很好的吸热作用。高吸水树脂无毒无味,吸液率高,已被制备为高分子胶体灭火材料广泛应用到矿井火灾治理中。已有文献报道,高吸水树脂(聚丙烯酸钠树脂)的受热分解过程可分为三个阶段:第一阶段聚丙烯酸钠结构中没有中和的羧基之间形成酸酐失去水分子;第二阶段羧酸钠以及酸酐从聚丙烯酸钠主链上断裂;第三阶段聚丙烯酸钠主链 C—C 键断裂被接聚。为了研究水滑石改性后的高吸水树脂的热稳定性,本节采用差示扫描量热仪对水滑石含量为 9%的改性高吸水树脂与未添加水滑石合成的高吸水树脂进行热性能比较分析,测试结果如图 2.14 所示。

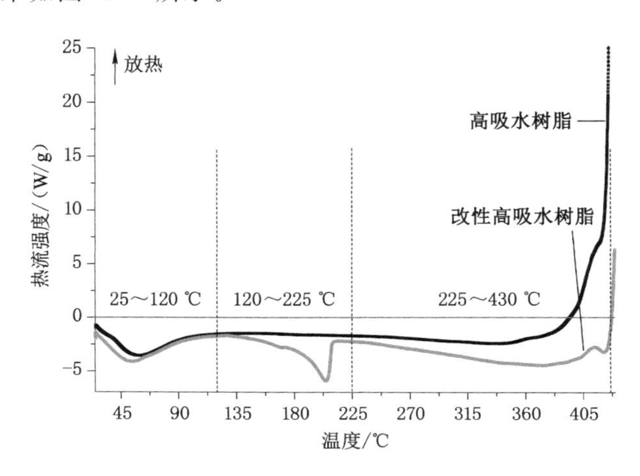

图 2.14　高吸水树脂与水滑石含量为 9%改性高吸水树脂的热流强度曲线

从图 2.14 中可以看出,在 395 ℃前高吸水树脂在整个过程中都表现出吸收大量的热,但在 340 ℃时高吸水树脂热流强度曲线开始逐渐上升,结构开始出现分解。而改性高吸水树脂的热稳定性得到很大提升,428 ℃前表现出吸热现象,且吸热量始终高于高吸水树脂的。水滑石的结构是一种具有层状结构的双羟基阴离子黏土,其结构是由 MgO_6 八面体共用棱形成的单元层,位于层上的 Mg^{2+} 可在一定范围内被半径相似的 Al^{3+} 取代,使 Mg^{2+}、Al^{3+}、OH^- 层板带正电荷,层间可交换的阴离子与层板正电荷平衡,使结构整体呈现电中性,此外在金属氢氧化物层间存在水分子,层间阴离子与层板以静电力或氢键的方式相结合。结合水滑石分子结构,可知改性高吸水树脂在温度段 25～120 ℃出现第一个吸热峰,吸收大量热,此时水滑石层间水以及物理吸附水脱出,结构无显著变化;120～225 ℃范围内出现第二个吸热峰,标志着水滑石结构中结晶水被破坏,出现吸热脱出现象;随后温度逐渐升高,层状结构开始破坏,金属氧化物烧结为结晶石,金属元素具有分散性高及比表面积大的特点,能够吸附有害酸性气体,且均表现出吸热现象。水滑石改性后的高吸水树脂,结合了水滑石优越的多级热分解吸热性能,很好地提高了高吸水树脂的热稳定性。

第四节　缓释抗氧型阻化剂的制备

一、实验材料制备

为实现在煤自燃氧化升温过程中抗氧化剂不断释放抗氧化物质，阻断煤各阶段中发生的基元链式反应，实现抑制煤自燃氧化的目的，本节通过将分子修饰后的花青素与水滑石改性后的高吸水树脂以不同质量比（1∶1、1∶2、1∶3、1∶4、1∶5、1∶6 和 1∶7）制备缓释抗氧型阻化剂，研究其热效应表征特性，选择最佳比例为最终产品配比。具体实验制备过程如下：

① 根据分子修饰后的花青素与水滑石改性后的高吸水树脂的质量比，用电子秤准确称取质量，置于 100 mL 的烧杯中分为 7 组。

② 分别向烧杯中加入 20 mL 的去离子水，采用磁力搅拌器，设置转速 200 r/min，在室温条件下搅拌 1 h，使其均匀混合，呈现凝胶状态，此时分子修饰后的花青素完全溶解入水滑石改性后的高吸水树脂网络结构中。

③ 将步骤②制备好的混合物置于真空干燥箱，在 40 ℃环境下真空干燥，直至样品恒重为止，干燥后的样品破碎成粒径为 200 目的粉末，即最终产物。

二、缓释抗氧型阻化剂配比优选

为实现分子修饰后的花青素热稳定性的提升，使其在高温阶段持续释放 H^+ 给各类自由基，终止自由基链式反应，从而防止煤自燃氧化，本节采用差示扫描量热仪，测试分子修饰后的花青素与不同质量比的复合阻化剂的热流强度曲线，从而筛选出缓释抗氧型阻化剂的最佳质量比，测试结果如图 2.15 所示。

由图 2.15 可知，分子修饰后的花青素氧化升温至 216 ℃时，开始表现为放热，且随温度升高呈现指数式释放热量，说明该温度点材料结构开始热解断裂，与氧气发生强烈的化学反应，伴随大量热量释放，该温度点可能为分子修饰后的花青素的燃点。结构的破坏极大程度影响了抗氧化剂活跃的自由基消除能力，终止煤自燃自由基链式反应的程度下降，也可能会起到反作用，在 216 ℃后放热会进一步促进煤自燃氧化。

水滑石改性后的高吸水树脂有着优越的热稳定性质，分子修饰后的花青素嫁接至水滑石改性后的高吸水树脂后，很好地克服了分子修饰后的花青素燃点低的劣势，为分子修饰后的花青素提供了热稳定的保护氛围，使其在高温阶段也能有较好的消除自由基能力。由图 2.15 可知，当分子修饰后的花青素与水滑石改性后的高吸水树脂的质量比为 1∶5 时，复合阻化剂氧化升温至 390 ℃，出现

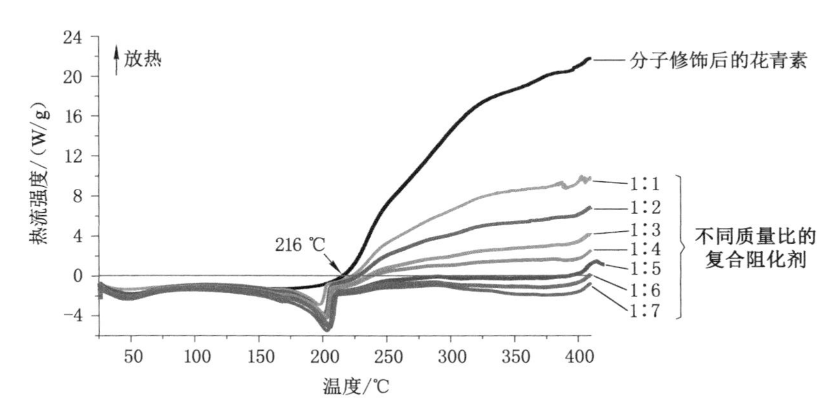

图 2.15　分子修饰后的花青素与不同质量比的复合阻化剂的热流强度曲线

化学结构热解，开始大量放热，且在常温至 390 ℃的温度范围内始终保持吸热现象。当分子修饰后的花青素与水滑石改性后的高吸水树脂的质量比达到 1∶6 时，复合阻化剂氧化升温至 420 ℃，结构开始分解氧化放热，且吸热温度范围内的吸热量始终要高于质量比为 1∶5 时制备的复合阻化剂的，热稳定得到明显提升，随着水滑石改性后的高吸水树脂含量的不断增加，复合阻化剂的热稳定性逐渐增强。但为了更大程度利用化学作用型阻化剂消除自由基的优势，避免其燃点低的劣势，因此，选择质量比 1∶6 为最终配比。最终研发出的缓释抗氧型阻化剂，能够实现在煤自燃全过程中持续捕获自由基，终止活性官能团的链式反应，达到抑制煤自燃的目的。缓释抗氧型阻化剂结构示意图如图 2.16 所示。

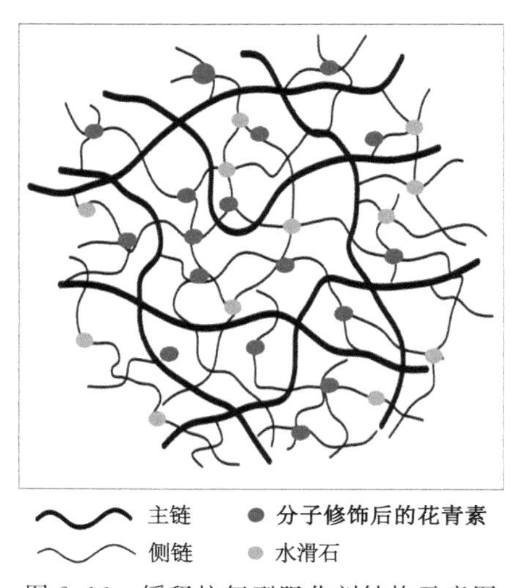

图 2.16　缓释抗氧型阻化剂结构示意图

本章小结

抗氧化剂能够捕获自由基切断煤中活性官能团发生的链式反应，与煤中活性官能团络合成稳定的化学键，抑制煤氧化学反应，添加少量就可起到明显的阻化效果。本章对天然可再生的花青素抗氧化剂改性，研发了一种绿色环保的缓释抗氧型阻化剂，可以实现抑制煤自燃的目的。本章主要内容与结论如下。

(1) 结合红外光谱图中羟基与羰基的峰强度变化情况，诠释了分子修饰后的花青素结构特征。对比氨基酸、有机酸、丁二酸酐以及金属离子改性花青素材料，得出分子改性酰化的花青素消除 DPPH 的能力最强，抗氧化活性得到显著提升。分子修饰花青素的结构要比分子间辅色作用更能增强抗氧化性能力且使结构更稳定，花青素酰化后形成一种特有的"三明治"结构，该结构中糖链具有翻折性质，没食子酸与糖结合后，将花青素夹在中间，提升了结构的稳定性。

(2) 将无氯绿色热性能优越的水滑石作为无机材料对高吸水树脂改性。水滑石经过插层处理后，改善了与有机树脂分离的现象，提高了水滑石的分散度，防止了无机黏土团聚。有机改性后的水滑石，通过化学键交联至高吸水树脂的支链上，扩展了高吸水树脂网链，其中添加 9%水滑石的改性高吸水树脂的吸液性能最优。

(3) 经过水滑石改性后的高吸水树脂热稳定性得到很大提升，428 ℃前表现出吸热现象，且吸热量始终高于未改性高吸水树脂的。改性后的高吸水树脂在温度段 25～120 ℃出现第一个吸热峰，吸收大量热，此时水滑石层间水以及物理吸附水脱出，结构无显著变化；120～225 ℃范围内出现第二个吸热峰，标志着水滑石结构中结晶水被破坏，出现吸热脱出现象；随后温度逐级升高，层状结构开始破坏，金属氧化物烧结为结晶石，均表现出吸热现象。水滑石改性后的高吸水树脂，结合了水滑石多级热分解优越的吸热性能，很好地提高了高吸水树脂的热稳定性。

(4) 分子修饰后的花青素在温度升至 216 ℃时，材料结构开始热解断裂，与氧气发生强烈的化学反应，极大程度影响了抗氧化剂活跃的自由基消除能力。将分子修饰后的花青素嫁接至水滑石改性后的高吸水树脂后，很好地克服了分子修饰后的花青素燃点低的劣势，为分子修饰后的花青素提供了热稳定的保护氛围，使其在高温阶段也能有较好的消除自由基能力。确定了分子修饰后的花青素与水滑石改性后的高吸水树脂的最优质量比为 1∶6。最终研发的缓释抗氧型阻化剂能够实现在煤自燃全过程中持续捕获自由基，终止活性官能团的链式反应，达到抑制煤自燃的目的。

第三章　缓释抗氧型阻化剂抑制煤热效应及动力学研究

煤自燃是煤结构中活性官能团与氧气发生的复杂物理化学反应过程，当释放的热量大于煤与空气对流散失的热量，热量蓄积加速氧化反应，蓄积的热量继续活化更多基团参与反应，因此煤氧化自燃过程中的热效应是煤自燃的关键因素。为揭示缓释抗氧型阻化剂抑制陕北侏罗纪不同煤层煤氧化热效应效果，本章采用差示扫描量热仪测试陕北侏罗纪原煤及阻化煤氧化过程中热流强度及其释放速率，从热效应角度揭示缓释抗氧型阻化剂抑制煤自燃作用机制。同时，基于多升温速率条件下的热流曲线，进行原煤与阻化煤的动力学参数计算，从动力学层面探究缓释抗氧型阻化剂抑制煤自燃机理。

第一节　热效应实验原理及方法

一、实验原理及装置

本章主要对原煤及阻化煤的热效应进行测试。实验装置采用法国塞塔拉姆仪器公司生产的 Setline DSC 差示扫描量热仪。差示扫描量热仪的工作原理主要基于样品与参比物在升温或降温过程中释放或吸收的热量差异。首先对样品和参比物同时加热或冷却，且确保温度升降速率相同，当样品经历相变或热反应时，样品会吸收或释放热量，从而导致样品和参比物之间的温度差异。然后通过热电偶或热电阻检测器检测这种温度差异，并转化为热量信号。最后根据热量信号的变化，可以确定样品的热力学性质。差示扫描量热仪能够基于煤样吸热或放热的信息生成热流曲线，其中峰型向上和向下分别对应着放热和吸热反应，峰值的位置和形状提供了关于氧化反应的信息，如反应的起始温度、特征温度等，从而揭示煤氧化反应的热力学和动力学特性。

二、煤样选择

近年来，陕北侏罗纪煤层得到了重点开发，并且榆林正在创建能源革命创新示范区，站在了担当国家使命和服务国家战略的前沿位置，在国家能源安全保障体系中具备不可或缺地位。榆林煤炭资源预测储量丰富、品质优良，具有特低灰、低硫、低磷、中高发热量即“三低一高”特点，是我国最优质的环保动力煤与化工煤。陕北侏罗纪煤层属容易自燃煤层，变质程度低，随着榆林煤炭资源大规模开发，部分重点产煤区域出现大面积采空区及上覆采空区，伴随着各类复杂的煤自燃危害，影响工作面的正常回采。基于上述背景，采集侏罗纪煤田典型矿区主采煤层的煤样为实验样品，分别为：活鸡兔煤矿 1^{-2} 煤层煤样，海湾煤矿三号井 2^{-2} 煤层煤样，杨伙盘煤矿 3^{-1} 煤层煤样，凉水井煤矿 4^{-2} 及 4^{-3} 煤层煤样与张家峁煤矿 5^{-2} 煤层煤样，实验煤样采用 5E-MAG6700 型工业分析仪进行工业成分测定，分析结果见表 3.1。

表 3.1　煤样工业分析结果

煤矿	煤样	M_{ad}/%	A_{ad}/%	V_{ad}/%	FC_{ad}/%
活鸡兔煤矿	1^{-2}煤层煤样	4.70	7.01	33.40	54.89
海湾煤矿三号井	2^{-2}煤层煤样	4.00	5.37	34.97	55.66
杨伙盘煤矿	3^{-1}煤层煤样	4.40	3.42	35.67	56.51
凉水井煤矿	4^{-2}煤层煤样	5.51	3.46	32.57	58.46
凉水井煤矿	4^{-3}煤层煤样	3.63	4.46	31.46	60.45
张家峁煤矿	5^{-2}煤层煤样	2.88	8.63	36.35	52.14

煤的水分是煤中外在水、分子结构中的内在水的总称，其质量分数用 M_{ad} 表示。灰分是指煤中所有有机质可燃物完全燃烧后的残渣，是煤中的矿物质在高温条件下转化而来的产物，主要成分包括二氧化硅（SiO_2）、氧化铝（Al_2O_3）、氧化铁（Fe_2O_3）、氧化钙（CaO）、氧化镁（MgO）、氧化钾（K_2O）和氧化钠（Na_2O），其质量分数用 A_{ad} 表示。在高温条件下，将煤样隔绝空气加热一段时间，煤的有机质发生热解反应，形成部分小分子的化合物，在测定条件下呈气态析出，其余有机质则以固体形式残留在焦渣中。由有机质热解形成并呈气态析出的化合物称挥发分，其质量分数用 V_{ad} 表示。以固体形式残留下来的有机质称固定碳，其质量分数用 FC_{ad} 表示。从表 3.1 的工业分析结果可以看出，陕北侏罗纪煤中水分含量较低，在 2.88%～5.51%之间，灰分含量高低也偏低，最高为 8.63%，体现出特低灰特性。而挥发分含量总体较高，均在 30%以上，挥发分含量高低一定程度上可反映出煤中活性结构数量的多少，可间接反映煤自燃倾向性。

三、实验条件

在活鸡兔煤矿 1^{-2} 煤层、海湾煤矿三号井 2^{-2} 煤层、杨伙盘煤矿 3^{-1} 煤层、凉水井煤矿 4^{-2} 及 4^{-3} 煤层与张家峁煤矿 5^{-2} 煤层的主采工作面采集块状煤样，采用密闭塑料袋密封包装带回实验室，剥去表皮部分，破碎并筛分出粒径为 200 目的样品，然后置于真空干燥箱常温烘干 24 h，去除煤中外在水分备用。

陕北侏罗纪原煤：首先根据文献[21]对煤低温氧化范围的定义，设置升温区间为 30～300 ℃。然后在流量 100 mL/min 的空气气氛下，分别对原煤以 2、5、8 ℃/min 的升温速率进行 DSC 热分析实验。

阻化剂添加量优选：首先选取典型煤层原煤，将阻化剂与原煤分别以 3%、5%、7%与 9%的质量比制备为阻化煤。然后在流量 100 mL/min 的空气气氛下，对不同阻化煤以 2 ℃/min 的升温速率进行热效应测试。

陕北侏罗纪阻化煤：首先根据阻化剂的最优添加量，将陕北侏罗纪不同煤层原煤与阻化剂制备为阻化煤。然后在流量 100 mL/min 的空气气氛下，分别对阻化煤以 2、5、8 ℃/min 的升温速率进行 DSC 热分析实验。其实验温度区间设置为 30～300 ℃。

第二节　缓释抗氧型阻化剂抑制煤热效应特征

一、煤自燃热流曲线特征

升温速率过快会使煤样在特征温度点下本该发生的反应还未来得及充分反应时，温度已升至更高状态，造成反应滞后甚至没有充分反应。因此，选择低升温速率有利于煤氧化反应的充分进行，反映煤氧化过程热效应特征。综合考虑，本节选用 2 ℃/min 的升温速率对陕北侏罗纪 6 煤层煤样自燃放热特性进行测试，得到从 25 ℃氧化升温至 300 ℃时的热流强度及其释放速率曲线，峰型向上为放热方向，向下为吸热方向，如图 3.1 所示。

煤氧化反应的初期为吸热过程，主要表现为水分蒸发与气体的解吸吸热。随着温度不断升高，煤结构中活性官能团氧化反应强度不断增加，煤体内热量逐渐积聚，温度逐步上升，煤氧反应体系进入放热状态。通过对煤氧化热流曲线的分析，发现放热作用是煤样温度升高并最终发生自燃的主要原因。因此需要掌握煤在氧化升温过程中的放热特征温度点：T_1 为各煤样的初始放热温度，即开始发生放热时煤样的温度；T_2 为热流强度为零时的温度，即 DSC 曲线上表观热平衡温度；T_3 为热流强度释放速率峰值温度。

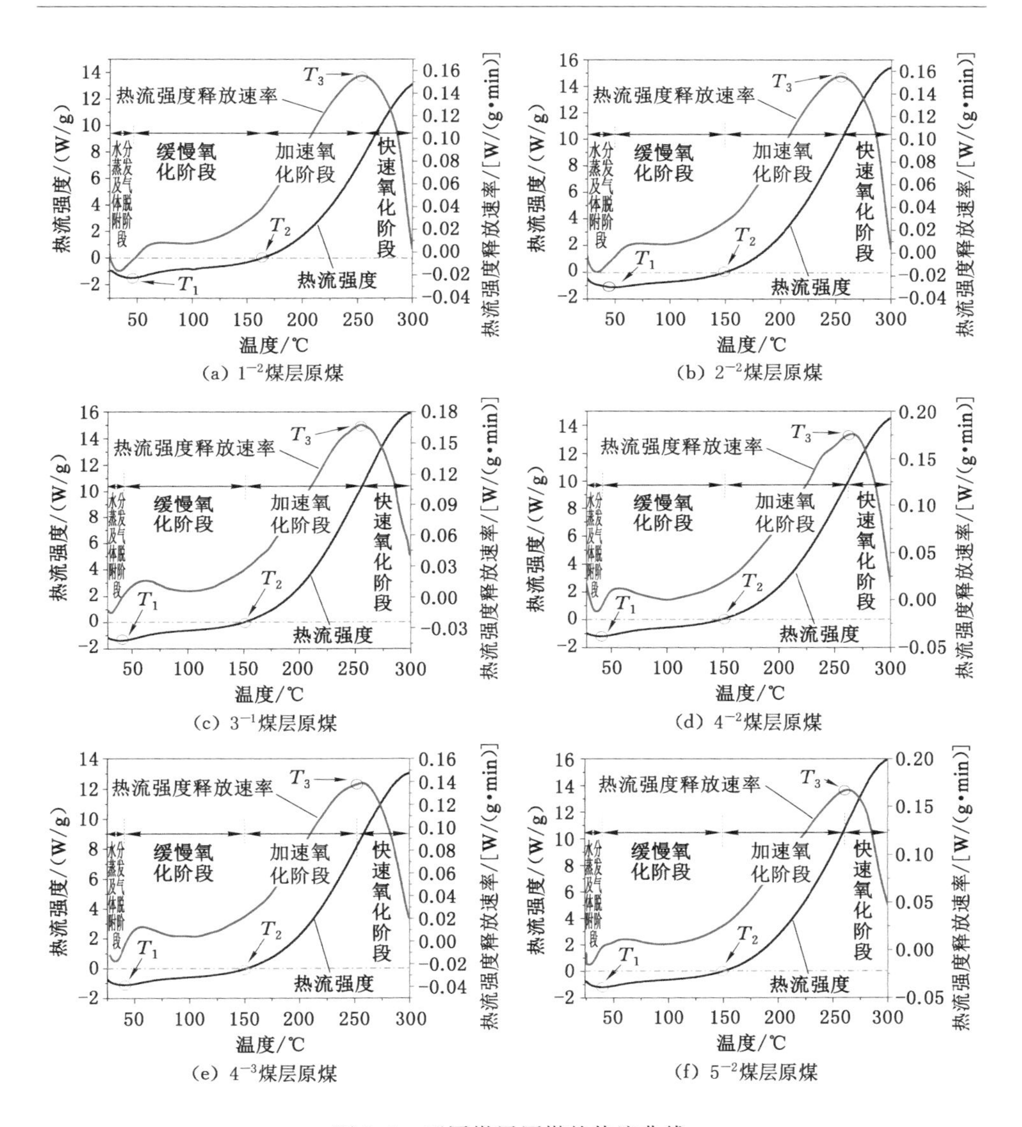

图 3.1　不同煤层原煤的热流曲线

根据上述特征温度点，将图 3.1 原煤低温氧化过程的热流曲线划分为 4 个阶段：水分蒸发及气体脱附阶段、缓慢氧化阶段、加速氧化阶段以及快速氧化阶段。

(1) 水分蒸发及气体脱附阶段

水分蒸发及气体脱附阶段温度范围为常温至 T_1，该阶段煤样在升温过程中主要发生气体的物理吸附与解吸及水分的蒸发。煤是一种非晶体物质，孔隙丰富且比表面积较大，是具有很强的吸附能力的多孔介质吸附剂。R. Kaji 等[194]、M. Švábová 等[195]研究发现煤中亲水官能团含量（比如羟基与羧基等）与煤的固有水分存在较好的线性关系，随着煤氧化升温，结合水蒸发，表现为吸热。煤孔隙及表面与气体分子之间受到分子力（范德瓦耳斯力）作用，会形成一种可逆、多分子层吸附状态。随着煤温升高，煤样吸附气体受到抑制，开始解吸。李树刚等[196]基于热力学理论和 GCMC（巨正则蒙特卡洛）模拟方法也证实温度与气体吸附量呈反比的关系，而该解吸过程需要吸收热量。

（2）缓慢氧化阶段

缓慢氧化阶段温度范围为 T_1 至 T_2。煤分子结构可归为芳香结构和非芳香结构两大类，芳香结构包含多种缩合芳香环，非芳香结构包含环烷烃类、杂环类、烷基侧链类和桥键。化学反应是非芳香结构中的桥键和侧链遭到氧分子破坏，其主要受共轭效应与诱导效应作用[26]，桥键受到芳环和其他基团的影响较大，一般情况下比侧链更易氧化。因此，煤样温度上升至初始放热温度后，煤结构中的活性官能团达到一定活性，与氧气发生化学吸附，生成氢过氧化物并放出热量。随着煤温升高，煤结构中易氧化的活性官能团与氧气的化学吸附逐渐转为化学反应，由于化学反应释放热要明显高于化学吸附热，因此反应释放热逐渐增加。

（3）加速氧化阶段

加速氧化阶段温度范围为 T_2 至 T_3，煤氧化升温至热平衡温度后，热流曲线呈指数规律增长，此时煤样与氧气的反应主要以化学反应为主。煤结构中不同种类、数量和空间结构的活性官能团被活化，即分子结构中易与氧气结合的活性结构增加，煤与氧气的化学反应增快，不同类型的官能团发生氧化反应释放不同的热量，多种氧化反应热流组合而成的总体释放热量加速增大。

（4）快速氧化阶段

快速氧化阶段温度范围为 T_3 以后，从热流曲线可以得出热流强度释放速率达到极大值，煤样氧化反应体系温度已超过 250 ℃。在此温度下，原先在较低温条件下不参与煤氧化学反应的环状有机分子结构在该阶段开始参与反应，环状分子断裂速度急剧增大，煤结构中暴露的活性官能团种类与数量剧增[84,197]，并吸附大量氧气，致使化学反应速率达到极值。这可能为煤中小分子有机物燃烧，释放热量大，但释放速率在下降，说明这种有机物被消耗。

二、阻化剂添加量的优选

放热作用是煤体温度升高且最终导致煤自燃的主要原因，因此确定煤氧化过程中的放热特性，首先应确定初始放热温度。由图 3.1 可知，4^{-3}煤层煤样的初始放热温度最低，最先进入放热状态。因此选择该煤层原煤，将阻化剂与原煤分别以 3%、5%、7%与 9%质量比制备成不同的阻化煤(为方面叙述，下文分别称为 3%阻化煤、5%阻化煤、7%阻化煤与 9%阻化煤)，分别测试原煤及不同阻化煤氧化过程中热流特性，实验结果如图 3.2 所示。

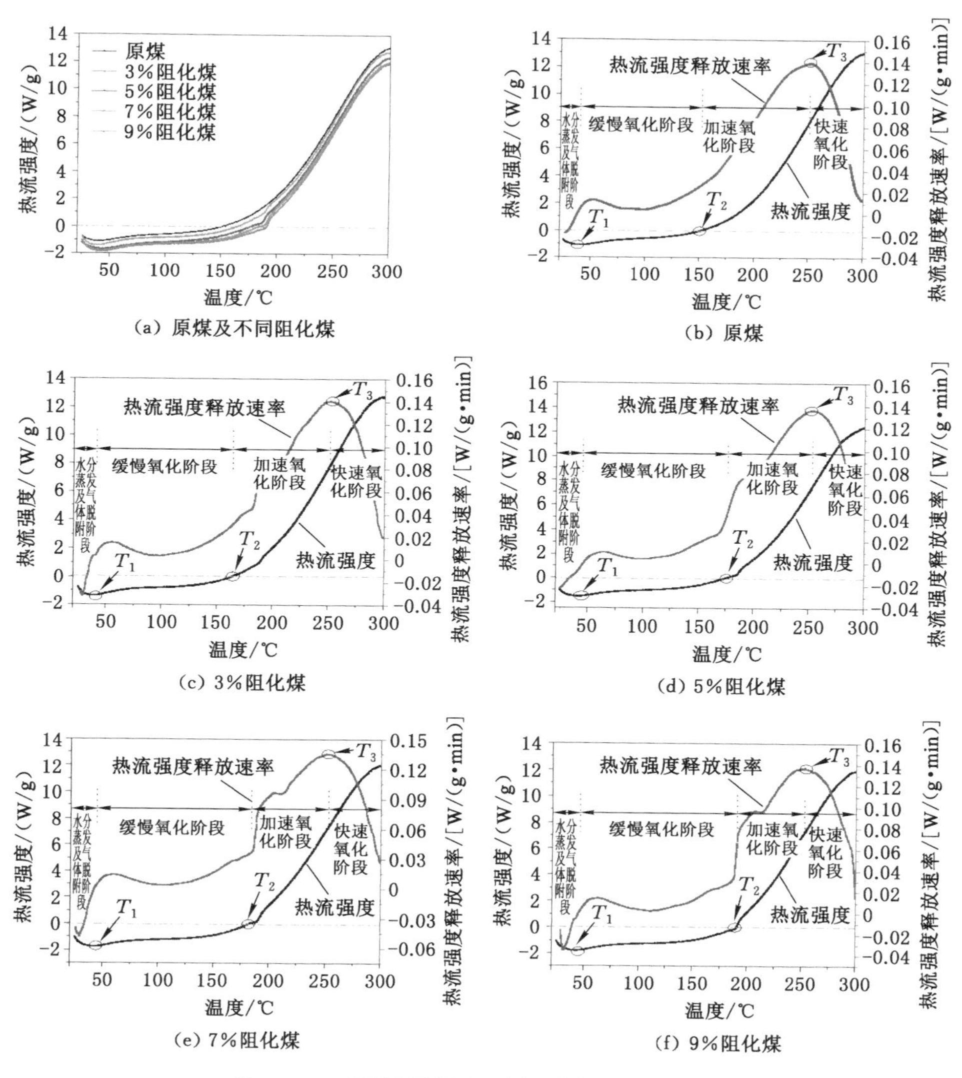

图 3.2　4^{-3}煤层原煤及不同阻化煤的热流曲线

由图 3.2 可知，添加不同质量的阻化剂后，煤自燃过程中的热流强度得到不同程度的抑制，且随着添加量的增加，热流强度曲线下降更加明显。这说明在煤氧化反应过程中阻化剂减弱了煤活性官能团与氧的链式反应，很好地抑制了煤氧化放热，达到抑制煤自燃的目的。在水分蒸发及气体脱附阶段，煤氧化反应热流变化主要是气体解吸吸热与水分蒸发吸热，而阻化剂中的羧基会在该阶段形成酸酐失水吸热。因此，随着阻化剂添加量的增加，水分蒸发及气体脱附阶段的吸热量呈现不断增加趋势。在缓慢氧化阶段，煤中活跃的基团易受到氧分子攻击发生放热反应。该阶段抗氧化剂强烈释放的 H^+ 会阻断煤结构早期活跃的基团与氧气的链式反应，自身能形成稳定的化学结构，还能阻止氧化放热反应。阻化剂添加量越大，抑制效果越佳，其中热流强度为零的平衡温度（T_2）滞后最为明显，延长了缓慢氧化过程。随着煤氧化进入加速氧化阶段与快速氧化阶段，煤氧复合作用逐渐增强，主要原因是煤中不同类型及数量的活性官能团逐步被激活，释放不同的热量，且各类氧化反应产生热量的综合表象呈指数型增长趋势。在加速氧化阶段与快速氧化阶段时，阻化煤的放热强度得到很大程度抑制。随着阻化剂添加量越大，抑制效果越优。阻化结果进一步表明改性后的缓释抗氧型阻化剂材料在高温阶段也发挥着强大的自由基捕获能力，抑制煤自由基链式反应放热。为具体体现阻化剂的添加量对煤热流抑制效果，采用特征温度点值以及对应热流强度值的量化方法来反映抑制煤自燃过程中的热效应，结果如表 3.2 所列。

表 3.2　4^{-3}煤层原煤及不同阻化煤的特征温度点及对应热流强度

编号	样品	T_1/℃	T_1对应热流强度/(W/g)	T_2/℃	T_3/℃	T_3对应热流强度/(W/g)	300 ℃对应热流强度/(W/g)
1	原煤	39.1	−1.1	151.7	251.0	8.0	13.1
2	3%阻化煤	40.8	−1.3	164.2	251.4	7.8	12.7
3	5%阻化煤	44.7	−1.7	176.7	252.8	7.3	12.4
4	7%阻化煤	45.2	−1.8	183.6	252.9	7.3	12.0
5	9%阻化煤	45.8	−1.9	190.8	253.1	7.0	11.9

为直观评价阻化剂添加量对煤自燃特征参数的影响趋势，结合表 3.2 绘制了 4^{-3}煤层原煤及不同阻化煤的自燃特征参数变化图，如图 3.3 所示。

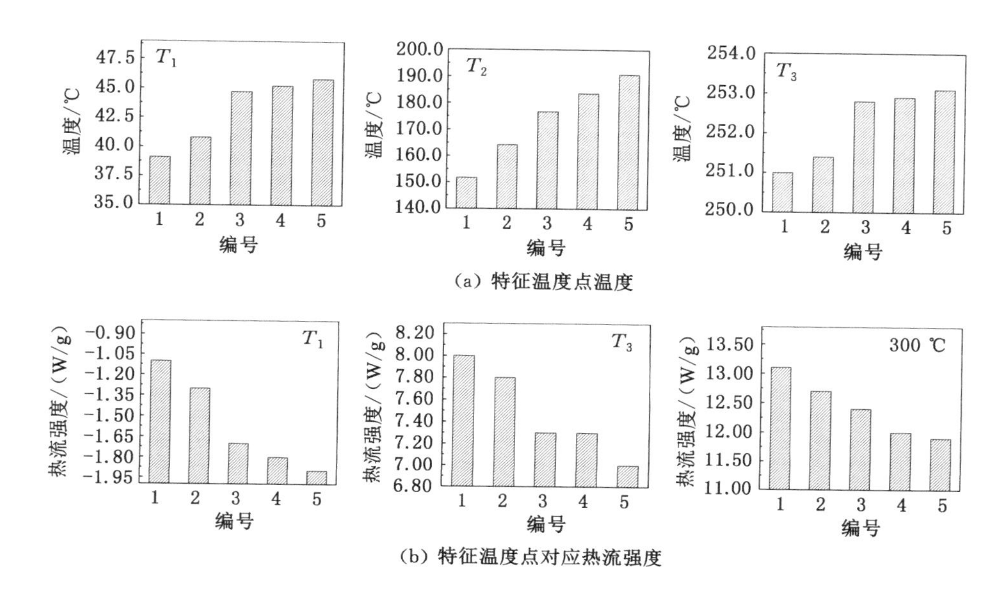

图 3.3　4^{-3}煤层原煤及不同阻化煤的自燃特征参数变化图

从图 3.3 中可以看出，随着阻化剂添加量的增加，煤的特征温度点出现不断滞后现象，对应的热量强度逐渐降低，结果表明阻化剂添加量越大，煤热效应抑制效果越好。但这并非线性关系，其中 5%阻化煤的特征温度点及热流强度均表现出明显的阻化效果。随着阻化剂添加量的增加，阻化效果出现逐渐平缓趋势。综合考虑阻化剂阻化效果与经济效益，确定阻化剂与原煤的最优质量比为 5%。

三、阻化煤氧化热效应表征

基于上一小节的研究结果可知，阻化剂与原煤的最优质量比为 5%，为了验证其普遍性、实用性，将阻化剂与其他 5 个煤层煤样以 5%的质量比制备为阻化煤，并进行 DSC 热分析测试，结果如图 3.4 所示。

煤的热效应主要由煤氧复合反应决定，即煤结构和氧分子从物理吸附与化学吸附开始逐渐活化发生多阶段化学反应。煤分子是由碳、氢、氧等原子构成的极其复杂的结构，在不同的结构部位有着不同的活性，随着煤氧化升温至某一特定温度时，特定结构活化发生化学吸附和化学反应并伴随着热效应，这些发生显著变化的特定温度点就是煤氧化过程中的特征温度点。从图 3.4 中可以看出，添加阻化剂处理后的不同煤层煤样均在不同程度抑制了煤氧化热效应，且规律

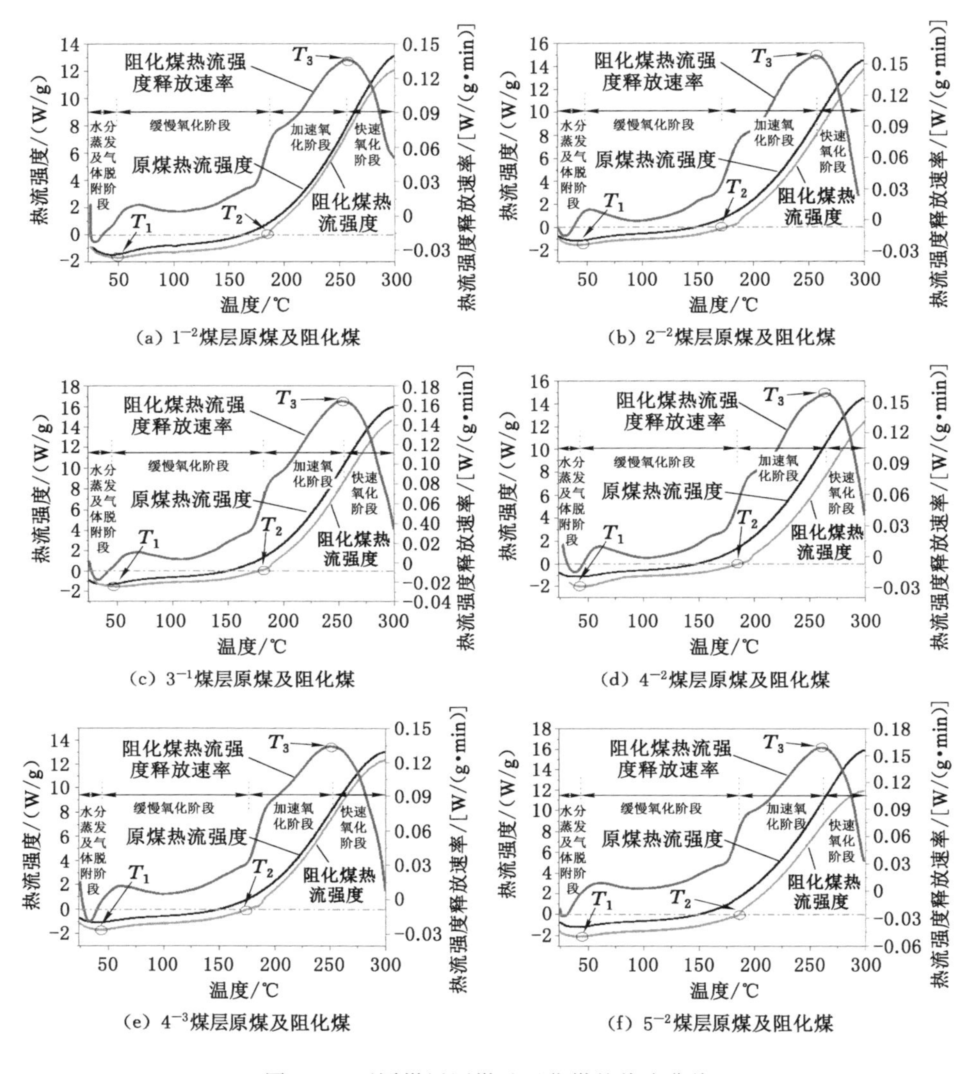

图 3.4　不同煤层原煤及阻化煤的热流曲线

相近。阻化剂通过阻断煤自燃过程中关键活性官能团与氧气的反应,阻止了自由基的反应,在热效应方面表现为特征温度点滞后,延缓煤氧化放热反应。为更好地分析阻化剂阻化效果,将原煤与不同阻化煤的热量曲线进行特征温度点标定并分析热流强度变化规律,结果如表 3.3 所列。

表 3.3　不同煤层原煤及阻化煤的特征温度点和对应热流强度

编号	样品	T_1/℃	T_1对应热流强度/(W/g)	T_2/℃	T_3/℃	T_3对应热流强度/(W/g)	300 ℃对应热流强度/(W/g)
1	1^{-2}煤层原煤	44.1	−1.5	163.4	253.7	7.5	13.1
	1^{-2}煤层阻化煤	48.8	−1.9	187.3	257.3	7.2	11.9
2	2^{-2}煤层原煤	43.3	−1.1	150.2	253.8	10.3	15.4
	2^{-2}煤层阻化煤	48.2	−1.8	172.1	257.9	9.4	14.0
3	3^{-1}煤层原煤	39.6	−1.4	150.3	253.2	9.9	16.0
	3^{-1}煤层阻化煤	45.3	−1.9	182.1	255.0	9.1	14.5
4	4^{-2}煤层原煤	40.2	−1.2	148.5	262.8	10.0	14.5
	4^{-2}煤层阻化煤	43.2	−1.9	185.4	265.3	9.0	12.7
5	4^{-3}煤层原煤	39.1	−1.1	151.7	251.0	8.0	13.1
	4^{-3}煤层阻化煤	44.7	−1.7	176.7	252.8	7.3	12.4
6	5^{-2}煤层原煤	39.5	−1.2	150.1	260.8	10.7	15.9
	5^{-2}煤层阻化煤	43.4	−2.1	186.4	262.5	8.5	12.0

煤样在较低温度的情况下，由于物理吸附、化学吸附以及水分蒸发存在一定的吸、放热现象，这一阶段的热力学特征相对比较复杂，因此对煤体开始进入放热状态后的热力学特征进行研究，更易于分析煤氧化热效应过程。陕北侏罗纪不同煤层煤的特征温度点受阻化剂抑制后均出现明显的滞后现象，且阻化效果各异。为具体体现阻化剂阻化效果，将原煤与阻化煤中的特征温度点以及热释放值进行求差，应用差值来表示阻化效果，结果如图 3.5 所示。

由图 3.5(a)可知，对阻化煤与原煤在氧化过程中的特征温度点温度求差值后，发现特征温度点均出现不同程度滞后现象。T_1为各煤样的初始放热温度，不同煤层煤样被阻化后初始放热温度点出现多样性的变化结果，其中对 3^{-1}煤层煤样与 4^{-3}煤层煤样的阻化效果最为明显。综合其他 4 个煤层煤样初始放热温度差值，得出陕北侏罗纪不同煤层的初始放热温度滞后范围为 3.0～5.7 ℃。由图 3.5(b)可知，初始放热温度点对应的热流强度降低幅度范围为 0.4～0.9 W/g。初始放热温度点前的水分蒸发及气体脱附阶段主要是煤中亲水官能团结合的水分蒸发吸热以及气体解吸吸热等物理与化学作用。阻化煤的水分蒸发及气体脱附阶段出现了较为明显的延长。其中一方面原因为在该阶段阻化剂中的高吸水树脂结构中未中和的羧基发生失水反应形成酸酐，以及水滑石层间物理吸附水脱出。水在标准大气压(101.325 kPa)和 0 ℃的环境下的汽化潜热

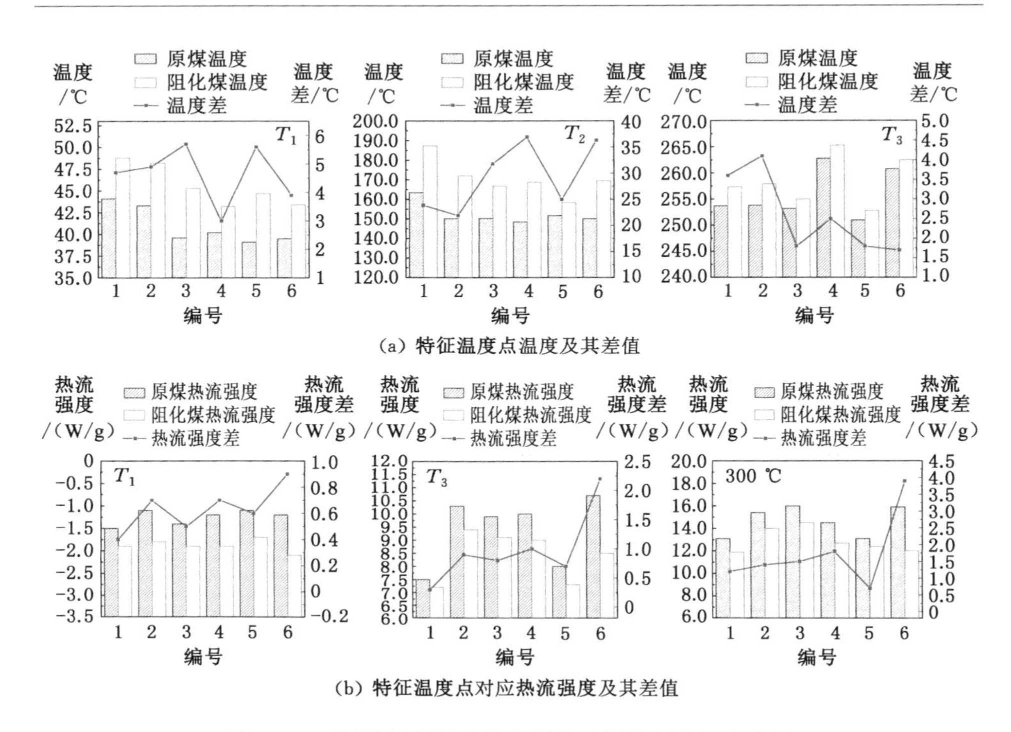

图 3.5　不同煤层原煤及阻化煤的自燃特征参数变化图

高达 2 501 kJ/kg,水分的析出必然伴随着热量的吸收。另一方面原因为阻化剂会消除煤结构中一些十分活跃的自由基,抑制该阶段的化学反应放热。热流强度为零的温度点 T_2 出现最明显的滞后现象,滞后温度为 21.9～36.9 ℃,该温度点代表煤氧化过程中放热强度出现显著增强的温度点。煤氧化升温进入初始放热温度后,煤体开始进入缓慢氧化阶段,热量开始不断积累,经阻化抑制后的不同煤层煤样的反应历程均有极大程度延长。该阶段煤分子的非芳香结构中的桥键和侧链遭到氧分子破坏,活性官能团被逐渐活化参与化学吸附及化学反应释放热量。缓释抗氧型阻化剂中抗氧化剂是一种很好的自由基消除剂与过氧化抑制剂,有学者通过电子自旋共振分析表明天然抗氧化剂中酚羟基(·OH)可以直接反应捕捉自由基。抗氧化剂作用机制主要包括三种:① 通过结构中的酚羟基与煤分子中自由基进行抽氢反应生成稳定的结构,从而阻断煤的基元链式反应;② 通过氧化还原反应直接给出电子,起到消除自由基作用;③ 通过与煤中参与催化反应的金属离子形成络合物,降低链式反应的速率,从而间接地实现抗氧化作用。改性后的花青素酚羟基含量更高,具有很强的消除自由基能力,其中最主要的抗氧化机制是抽氢反应，可强烈释放 H^+ 给各类自由基。当煤氧化进入放热阶段，活性结构进行的基元链式反应被抗氧化剂很大程度阻断，抑制了该阶段的放热。同时伴随着阻化剂物理吸热阻化，抑制机理主要表现为阻化剂中的高吸水树脂结构中未中和的羧基之间形成酸酐失去水分子以及水滑石结构中层间水与结晶水被破坏，两者反应均表现出吸热现象。在阻化剂的化学与物理共同阻化机制下，陕北侏罗纪不同煤层煤样的温度点 T_2 出现明显滞后现象，说明煤样氧化得到了抑制。

特征温度点 T_3 为热流强度释放速率峰值温度。由图 3.5(a)可知，阻化后的陕北侏罗纪煤与原煤比较，特征温度点 T_3 均出现较为明显的滞后现象，温度滞后范围为 1.7～4.1 ℃。由图 3.5(b)可知，热流强度释放速率峰值温度对应的热流强度降低幅度较为明显，范围为 0.3～2.2 W/g，当氧化升温至 300 ℃时，热流强度降幅达到 0.7～3.9 W/g。在加速氧化阶段与快速氧化阶段，热流曲线出现快速增长，表明煤中更多的不同种类与数量的官能团得到活化，与氧气发生化学反应并释放热量，随着温度的升高，在较低温条件下不参与煤氧化学反应的环状结构有机分子参与反应，总体热量快速释放。经过阻化剂处理后，不同煤层的煤样氧化过程中的热效应得到很好的削弱。阻化剂中抗氧化剂可以不断捕捉煤中带有不成对电子的活跃自由基，并为其提供氢原子，所形成的自由基受内部分子的共轭效应结构更稳定，终止了各类复杂的煤氧化链式反应。因此，化学阻化从煤分子本质结构中切断煤中活性官能团发生的链式反应，合成稳定的化学键，抑制煤氧化反应过程，添加少量就起到明显的阻化效果。物理阻化也在这两阶段发挥着作用，高吸水树脂主链结构上的羧酸钠以及酸酐断裂吸热，嫁接在主链上的水滑石结构中结晶水被破坏，有序层状结构出现破坏，金属氧化物烧结为结晶石，也表现出吸热现象。在物理化学共同作用下，煤自燃氧化过程中释放热流强度及释放速率得到很大程度抑制。

第三节　缓释抗氧型阻化剂抑制煤自燃的氧化动力学研究

热分析动力学方法从本质上是基于程序控温条件下，用物理方法（如 TGA 法、DSC 法等）实时检测煤自燃反应过程中物理性质（如质量、热流等）随反应温度的变化，通常检测的物理性质变化正比于反应速率。活化能是煤自燃氧化过程中一个非常重要的动力学参数，活化能变化在一定程度上能够体现出煤中化学反应的难易程度[198]。目前单升温速率法计算得到的活化能误差较大，为了准确地计算煤自燃过程中的活化能变化特征，本节采用升温速率为2、5、8 ℃/min分别进行原煤与阻化煤的热流曲线测试，并计算煤的活化能随着温度变化的规律。从动力学角度验证缓释抗氧型阻化剂对不同煤层煤样氧化过程中的阻化机制。

一、基于热分析曲线的煤氧化动力学理论

煤氧化过程中发生每一步反应时，煤结构中的有机分子都需要克服相应的能垒(活化能)转化为活化分子去参与有效的反应。研究发现，煤的活化能是煤固有的属性，煤反应过程中的活化能的大小可反映煤自燃逐步活化过程中各阶段反应速率的大小，且活化能与化学反应速率呈反向关系，活化能越大反而反应速率越小，反之则反应速率越大。但是煤自燃氧化各阶段反应都是复杂的多元反应过程，因此，基于热实验求解的活化能值为各类多元反应的活化能的综合表征。

在较低温度的情况下，煤体由于物理吸附、化学吸附以及水分蒸发存在一定的吸、放热现象，这一阶段的热力学特征相对比较复杂，因此，本节主要从煤体开始进入放热状态后的热力学特征进行研究，更易于分析煤自燃过程。根据原煤与阻化煤氧化过程中的热流曲线，从初始放热温度开始计算煤氧化过程的活化能。

目前，煤自燃氧化动力学研究主要包括等温法和非等温法。早期的动力学研究方法主要采用等温法。随着热分析技术的进步，非等温法逐渐被接受成为主流热动力学研究方法。

煤低温氧化过程中的反应路径属于典型的固气反应，表达式为：

$$\text{煤(固)}+\text{空气(气)}\longrightarrow\text{氧化物(固)}+\text{反应气体(气)} \tag{3.1}$$

煤氧化升温过程可简化理解为固体非等温、非均相反应，样品转化速率$\mathrm{d}\alpha/\mathrm{d}t$与反应速率常数$k(T)$和反应机理函数$f(\alpha)$的动力学关系方程为：

$$\mathrm{d}\alpha/\mathrm{d}t = k(T)\cdot f(\alpha) \tag{3.2}$$

式中　α——煤氧化过程中反应进度的转化率，%；

T——转化率为α时所对应的温度，K；

t——转化率为α时的升温时间，s。

笔者未采用常规质量损失来计算转化率，而采用DSC热流曲线计算，是因为热效应更加直观地反映了煤自燃这种复杂的氧化反应全过程。定义转化率α为：

$$\alpha = (h_0 - h_t)/(h_0 - h_f) \tag{3.3}$$

式中　h_0——反应初始热流强度，W/g；

h_t—— t 时刻热流强度，W/g；

h_f——阶段末时反应热流强度，W/g。

$k(T)$ 是反应速率常数，符合 Arrhenius 方程：

$$k(T) = Ae^{\frac{-E}{RT}} \tag{3.4}$$

式中　A——指前因子，min^{-1}；

E——活化能，kJ/mol；

R——理想气体常数，其值为 8.314 J/(mol·K)。

将式(3.4)代入式(3.3)中可得：

$$\frac{d\alpha}{dt} = Ae^{\frac{-E}{RT}} \cdot f(\alpha) \tag{3.5}$$

升温速率 β 为 dT/dt，代入式(3.5)中可得：

$$\frac{d\alpha}{f(\alpha)} = \frac{A}{\beta}e^{\frac{-E}{RT}}dT \tag{3.6}$$

对式(3.6)两边进行积分并记为 $g(\alpha)$：

$$g(\alpha) = \int_0^{\alpha}\frac{d\alpha}{f(\alpha)} = \frac{A}{\beta}\int_{T_0}^{T}e^{\frac{-E}{RT}}dT \tag{3.7}$$

式中　T_0——初始温度，K；

$g(\alpha)$——积分转化函数，应用 Coats-Redfern 近似方法后可变为：

$$\ln\frac{g(\alpha)}{T^2} = \ln\frac{AR}{\beta E} - \frac{E}{RT} \tag{3.8}$$

绘制 $\ln\frac{g(\alpha)}{T^2}$-$\frac{1}{T}$ 曲线，可得到一条以 $-\frac{E}{R}$ 为斜率，以 $\ln\frac{AR}{\beta E}$ 为截距的直线，即可通过斜率和截距分别计算出活化能和指前因子。

但考虑到单一非等温速率的误差较大，目前以多升温速率法计算动力学参数的可靠性被学者们广泛认可。多升温速率法是指通过不同的升温速率对多条热流曲线进行动力学计算，主要以 Flynn-Wall-Ozawa(FWO)法、Kissinger-Akahira-Sunose(KAS)法和 Friedman 法为代表。通常基于不同升温速率在相同转化率下的热流数据分析，也被称为等转化率法。煤自燃在不同温度阶段下反应机理函数一般不同，该方法在不涉及动力学模型函数的前提下可获得较为可靠的活化能值，能有效避免选择机理函数对计算结果的影响，因此受到广泛应用。

对式(3.7)两边取对数得到 KAS 法：

$$\ln\frac{\beta}{T^2} = \ln\frac{AR}{Eg(\alpha)} - \frac{E}{RT} \tag{3.9}$$

M. J. Starink[111-112]对 KAS 法进行了改进，而且 S. Vyazovkin 等[113]也验证了改进后的 KAS 法更加精确。改进后的公式如下：

$$\ln \frac{\beta}{T^{1.92}} = \ln \frac{AR}{E} - 1.000\ 8 \frac{E}{RT} \tag{3.10}$$

本书采用改进的 KAS 法，基于 3 种不同的升温速率的热流曲线计算活化能。对于同一转化率的 E 和 A 为定值，则等式右端第一项为一定值。根据不同升温速率条件下的 DSC 曲线在相同转化率时对应的温度，可得到 $\ln(\beta/T^{1.92})$ 和 $1/T$ 的线性关系，通过拟合曲线的斜率可计算出活化能 E。

二、动力学曲线拟合

采用改进 KAS 法等转化率方程，对陕北侏罗纪不同煤层原煤及阻化煤在 3 种升温速率下的热流曲线，进行计算，得到在转化率间隔为 0.05 下，$\ln(\beta/T^{1.92})$和 $1/T$ 的线性关系，斜率的负值为活化能 E。图 3.6 为不同煤层原煤及阻化煤氧化过程中 $\ln(\beta/T^{1.92})$ 和 $1/T$ 的线性关系。

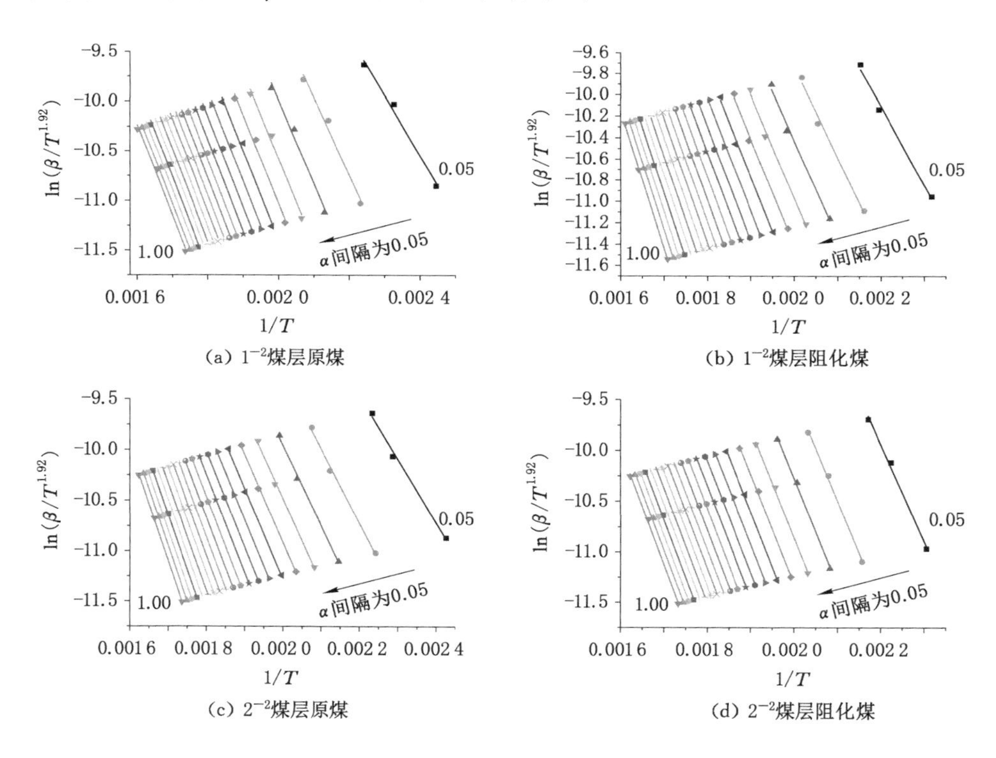

(a) 1⁻²煤层原煤　(b) 1⁻²煤层阻化煤

(c) 2⁻²煤层原煤　(d) 2⁻²煤层阻化煤

图 3.6　不同煤层原煤及阻化煤氧化过程中 $\ln(\beta/T^{1.92})$ 和 $1/T$ 的线性关系

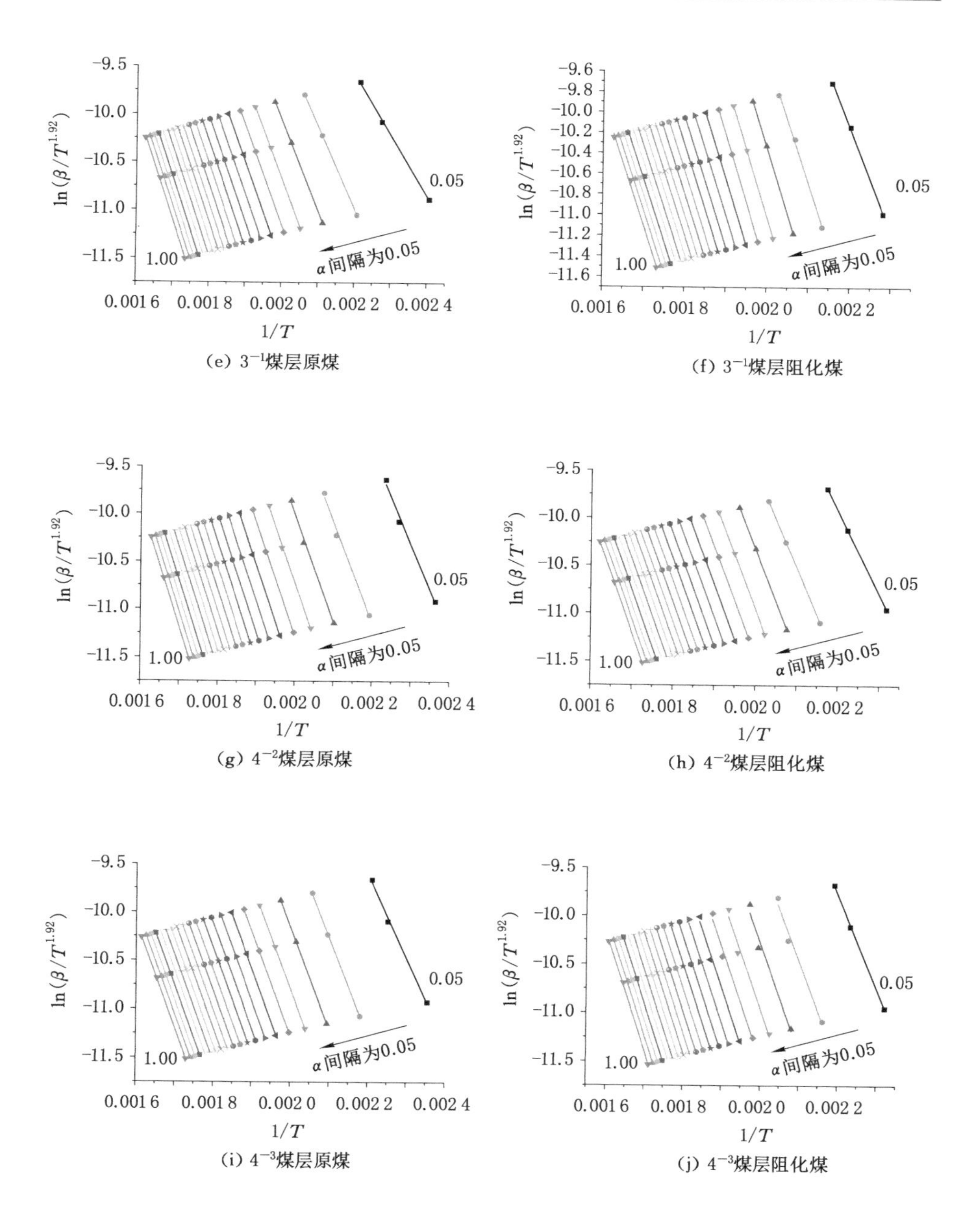

(e) 3⁻¹煤层原煤

(f) 3⁻¹煤层阻化煤

(g) 4⁻²煤层原煤

(h) 4⁻²煤层阻化煤

(i) 4⁻³煤层原煤

(j) 4⁻³煤层阻化煤

图 3.6 （续）

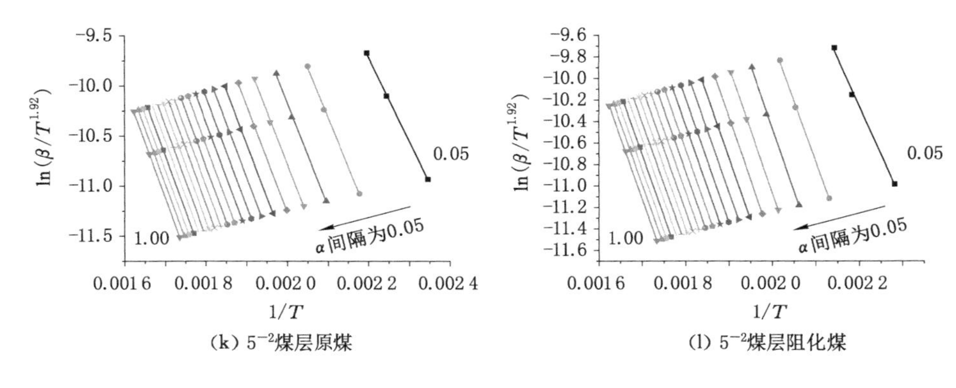

图 3.6 （续）

由图 3.6 可知，在等转化率动力学线性拟合方程支持下，得到了原煤及阻化煤氧化动力学参数，见表 3.4 与表 3.5。

表 3.4　1^{-2}、2^{-2}、3^{-1}煤层原煤及阻化煤的动力学参数

α	1^{-2}煤层				2^{-2}煤层				3^{-1}煤层			
	原煤		阻化煤		原煤		阻化煤		原煤		阻化煤	
	E	R^2	E	R^2	E	R^2	E	R^2	E	R^2	E	R^2
0.05	50.2	98.9	61.1	99.0	52.0	99.4	79.1	99.4	52.6	99.9	84.4	99.8
0.10	64.2	98.4	70.8	99.1	60.6	99.6	85.6	99.7	69.9	99.8	99.6	99.7
0.15	69.7	98.5	76.0	99.3	65.7	99.7	87.7	99.7	78.2	99.9	105.7	99.9
0.20	72.3	98.6	79.5	99.4	71.2	99.8	88.9	99.7	82.3	99.9	106.3	99.9
0.25	73.7	98.7	82.6	99.5	72.3	99.6	89.6	99.8	84.9	99.9	107.0	99.9
0.30	74.7	98.8	84.8	99.5	74.6	99.7	90.3	99.8	86.5	99.9	104.9	99.9
0.35	75.4	98.9	87.2	99.6	76.8	99.7	91.0	99.8	87.8	99.8	103.4	100.0
0.40	75.9	99.0	89.1	99.7	78.6	99.8	91.5	99.8	88.5	99.7	102.7	99.9
0.45	76.5	99.4	90.7	99.7	80.5	99.9	91.9	99.8	89.5	99.9	102.6	99.9
0.50	76.8	99.2	92.6	99.7	81.9	99.8	92.8	99.8	90.2	99.9	101.6	99.9
0.55	77.0	98.9	94.1	99.7	83.4	99.9	92.8	99.8	91.1	99.9	101.3	99.8
0.60	77.1	98.8	95.5	99.8	84.8	99.9	93.3	99.8	91.6	99.9	100.4	99.7
0.65	77.3	98.7	97.0	99.8	85.9	99.9	93.5	99.8	91.8	99.9	100.2	99.7
0.70	77.5	98.7	98.6	99.8	86.9	99.8	94.0	99.7	92.4	99.8	99.9	99.7

表 3.4(续)

α	1^{-2}煤层				2^{-2}煤层				3^{-1}煤层			
	原煤		阻化煤		原煤		阻化煤		原煤		阻化煤	
	E	R^2	E	R^2	E	R^2	E	R^2	E	R^2	E	R^2
0.75	77.5	98.8	99.9	99.8	88.0	99.9	94.3	99.8	92.8	99.9	99.7	99.6
0.80	77.3	98.7	101.4	99.8	89.4	99.9	94.4	99.7	93.1	99.9	99.5	99.6
0.85	77.1	98.7	102.9	99.8	90.4	99.9	94.6	99.8	93.3	99.8	99.0	99.5
0.90	76.8	98.7	104.4	99.8	91.2	99.7	95.0	99.7	93.5	99.8	99.1	99.4
0.95	76.8	99.4	105.7	99.9	92.3	99.9	95.0	99.7	93.6	99.8	98.9	99.4
1.00	76.6	98.8	107.3	99.9	93.1	99.9	95.4	99.7	93.6	99.8	98.7	99.3

表 3.5　4^{-2}、4^{-3}、5^{-2}煤层原煤及阻化煤的动力学参数

α	4^{-2}煤层				4^{-3}煤层				5^{-2}煤层			
	原煤		阻化煤		原煤		阻化煤		原煤		阻化煤	
	E	R^2	E	R^2	E	R^2	E	R^2	E	R^2	E	R^2
0.05	72.4	99.1	79.6	99.9	71.7	99.6	80.7	99.8	69.6	99.9	74.4	99.6
0.10	83.0	99.2	86.6	99.9	83.7	99.8	87.4	98.4	82.2	99.8	93.8	99.8
0.15	89.7	99.6	93.0	99.9	86.9	99.9	91.9	97.6	86.3	99.8	97.0	99.8
0.20	92.3	99.8	95.4	99.9	87.8	99.8	94.6	98.3	87.9	99.8	97.6	99.8
0.25	93.6	99.9	97.2	99.9	88.3	99.9	96.3	98.8	89.3	99.7	97.3	99.7
0.30	94.8	99.9	98.5	99.9	88.8	99.9	97.8	99.1	89.8	99.8	97.1	99.6
0.35	95.4	99.9	99.1	99.9	89.2	99.9	98.8	99.4	90.5	99.6	96.7	99.8
0.40	96.2	99.9	99.8	99.9	89.2	99.8	99.6	99.6	91.1	99.8	96.9	99.9
0.45	96.8	99.9	100.4	100.0	89.6	99.7	100.1	99.7	91.3	99.9	96.4	99.9
0.50	97.4	99.9	101.3	99.8	89.5	99.9	100.2	99.8	91.7	99.9	96.4	99.9
0.55	97.5	99.9	101.3	99.9	89.6	99.9	100.7	99.8	92.0	99.9	96.4	99.9
0.60	98.0	99.9	102.5	99.8	89.9	99.9	101.1	99.9	92.3	99.9	96.0	100.0
0.65	98.1	99.9	102.6	99.8	90.0	99.9	101.2	99.9	92.9	99.9	96.0	99.8
0.70	98.5	99.9	103.0	99.9	90.0	99.9	101.0	99.9	92.7	99.9	96.0	99.8
0.75	98.7	99.9	103.3	99.9	90.1	99.9	101.0	99.9	93.0	99.9	95.8	99.8
0.80	98.8	99.9	103.7	99.8	89.9	99.9	101.2	100.0	92.8	100.0	95.6	99.8
0.85	98.9	99.6	104.1	99.4	90.3	99.1	100.9	99.9	92.8	99.7	95.7	99.9
0.90	98.9	99.7	104.1	99.7	90.1	99.5	100.9	99.9	92.8	99.8	95.6	99.9
0.95	99.1	99.8	104.7	99.8	89.8	98.9	100.7	99.9	92.8	99.4	95.4	99.9
1.00	98.9	99.9	104.7	99.6	89.6	99.7	100.4	99.9	92.8	98.8	95.1	99.8

由表3.4与表3.5可知，采用改进KAS线性拟合得到的相关系数拟合度R^2达到90%以上，证明利用升温速率为2、5、8 ℃/min进行改进KAS等转化率下求解陕北侏罗纪不同煤层原煤及阻化煤动力学参数具有准确性，在不涉及动力学模型函数的前提下获得了可靠的活化能值。

三、活化能变化规律

陕北侏罗纪不同煤层原煤及阻化煤氧化过程中活化能的变化规律如图3.7所示，以此可分析阻化剂在动力学方面展现出的阻化性能。

从图3.7中可以看出，陕北侏罗纪煤在氧化升温过程中活化能整体表现出逐渐升高的趋势，根据不同升温速率计算的活化能可直观反映煤氧化反应的难易程度。由于煤结构是各种官能团通过化学键连接，在氧化各阶段中多类活性官能团发生复杂多元反应，活化能综合反映了各阶段反应历程。在转化率小于或等于0.2时，陕北侏罗纪煤氧化处于缓慢氧化阶段，表现出较低活化能。这是由于煤氧化初期易氧化的活性官能团需要较低能量，表现出较低活化能。在转化率大于0.2时，煤氧化过程进入加速氧化与快速氧化阶段，煤活化能整体保持平稳升高。这主要原因是在低温阶段时煤结构中易氧化的活性官能团被大量消耗，而稳定的官能团需要更高能量才可活化参与氧化反应。大量高活化能基团造成煤氧化过程中总体宏观表现活化能升高。

对比图3.7中陕北侏罗纪不同煤层原煤与阻化煤的活化能随转换率升高的曲线，即活化能随着煤温升高的活化能变化规律，发现阻化煤在氧化的整个过程中，表现出活化能均一直高于原煤活化能的趋势，从动力学角度进一步验证了该阻化剂优越的阻化性能。对各阶段详细分析发现，在转化率小于或等于0.2时，煤氧反应处在缓慢氧化阶段。该阶段存在一些基团比其他基团更活跃，首先与氧气结合发生放热反应。经过阻化剂消除自由基后，终止了煤活跃基团的链式自由基反应，形成稳定的结构，破坏了煤中可以稳定发展的低活化能基元反应群体，导致活化能升高，其中2^{-2}煤层与3^{-1}煤层表现出更加明显的阻化效果。随着煤氧化反应体系温度升高，转化率大于0.2时，较高活化能的官能团也参与反应，引发了一系列放热反应。经过阻化剂在加速氧化阶段与快速氧化阶段持续输出H^+，捕捉自由基，阻断了高温区域煤中各类基元反应，生成了稳定的结构，结果表现为在这两个阶段煤氧化需要更高活化能才可发生反应，其中1^{-2}煤层与4^{-3}煤层的阻化效果表现最明显。阻化剂极大地提升了煤加速氧化阶段与快速氧化阶段的活化能，阻碍了煤氧化释放热量，表明阻化剂在该阶段仍然发挥着良好的阻化效果。

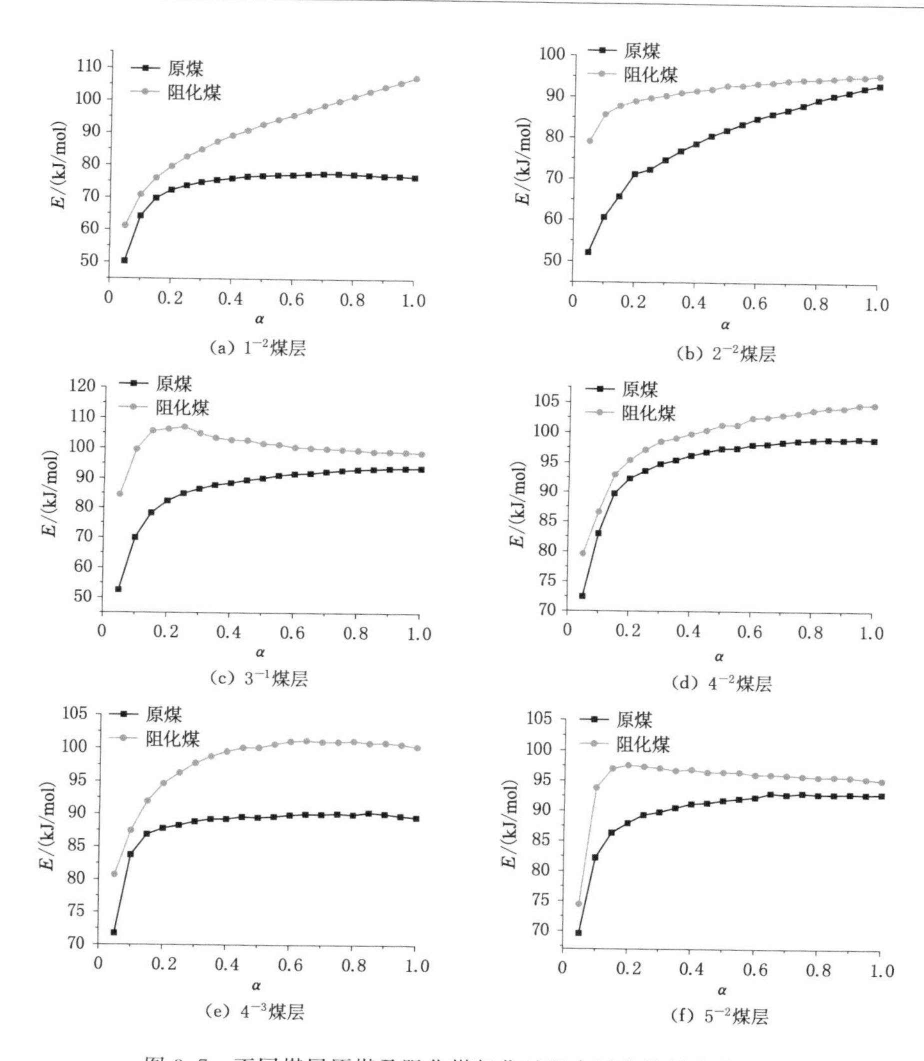

图 3.7　不同煤层原煤及阻化煤氧化过程中活化能的变化规律

本章小结

本章利用差示扫描量热仪测试了陕北侏罗纪不同煤层原煤及阻化煤分别在氧化升温过程中热流强度及其释放速率的变化规律，并基于改进 KAS 法，从动力学层面进一步揭示了缓释抗氧型阻化剂抑制煤氧化过程的机制。本章主要内容与结论如下。

(1) 对陕北侏罗纪不同煤层煤氧化过程热流曲线分析,发现放热作用是煤样温度升高并最终发生自燃的主要原因,确定了在氧化升温过程中的放热特征温度点:T_1为初始放热温度,T_2为热流强度为零的温度,即 DSC 曲线上表观热平衡温度,T_3为热流强度释放速率峰值温度。同时将煤低温氧化过程中的热流曲线划分为 4 个阶段:水分蒸发及气体脱附阶段、缓慢氧化阶段、加速氧化阶段以及快速氧化阶段。

(2) 添加不同质量的阻化剂后,煤的热流强度得到不同程度的抑制,随着添加量的增加,煤的特征温度点出现不断滞后现象,对应的热量强度逐渐降低,对煤热效应抑制效果也越来越好。但阻化剂添加量与煤热效应参数呈现非线性关系,其中 5%阻化煤的特征温度点及热流强度均表现出明显的阻化效果。因此,综合考虑阻化效果与经济效益,确定阻化剂与原煤的最优质量比为 5%。

(3) 在阻化煤氧化升温过程中,T_1滞后范围为 3.0～5.7 ℃,热流强度降低幅度为 0.4～0.9 W/g。阻化煤的水分蒸发及气体脱附阶段出现了较为明显的延长,其中一方面原因为阻化剂中的高吸水树脂结构中未中和的羧基发生失水反应形成酸酐,以及水滑石层间水以及物理吸附水脱出,均伴随着热量的吸收,另一方面原因为阻化剂会消除煤结构中一些十分活跃的自由基,抑制该阶段的化学反应放热。

(4) 在阻化煤氧化升温过程中,T_2出现最明显的滞后,滞后范围为 21.9～36.9 ℃,经阻化抑制后,延长了该阶段反应历程。缓释抗氧型阻化剂是一种很好的自由基消除剂与过氧化抑制剂,改性后的分子结构单元的芳香环有着更多邻、间位活性酚羟基,可以强烈释放 H^+ 给各类自由基,终止煤的链式自由基反应,防止煤进一步氧化释放热量。同时存在物理阻化作用,阻化剂中未中和的羧基形成酸酐失去水分子,水滑石结构中层间水与结晶水被破坏脱附,两者均伴随着吸热。

(5) 在阻化煤氧化升温过程中,T_3 出现较为明显的滞后,滞后范围为 1.7～4.1 ℃。该温度点的热流强度降低幅度为 0.3～2.2 W/g。在加速氧化阶段与快速氧化阶段,不同煤层煤氧化过程中的热效应得到明显的削弱,原因为阻化剂切断煤中活性官能团发生的链式反应,合成稳定的化学键,抑制煤氧化学反应,并伴随物理阻化,主要是高吸水树脂主链脱水吸热以及支链上水滑石结晶水脱附吸热。

(6) 采用改进 KAS 法,得出阻化煤在氧化过程中活化能均高于原煤活化能。在转化率小于或等于 0.2 时,煤氧反应处在缓慢氧化阶段。该阶段存在一些基团比其他基团更活跃，首先与氧气结合发生放热反应。经过阻化剂消除自由基后，终止了煤活性基团的链式自由基反应，形成了稳定的结构，破坏了煤中可以稳定发展的低活化能基元反应群体，导致活化能升高，其中 2^{-2}煤层与 3^{-1}煤层表现出更加明显的阻化效果。当转化率大于 0.2 时，阻化剂在加速氧化阶段与快速氧化阶段持续输出 H^+，捕捉自由基，阻断了高温区域煤中各类基元反应，生成了稳定的结构，结果表现为在这两个阶段煤氧化需要更高活化能才可发生反应，其中 1^{-2}煤层与 4^{-3}煤层的阻化效果表现最明显。

第四章　缓释抗氧型阻化剂抑制煤氧化活性官能团研究

由第三章可知，当阻化剂与原煤质量比为5%时，阻化剂抑制煤氧化过程中的热效应效果最佳。为深入揭示阻化剂抑制煤自燃的本质，探究阻化剂对煤自燃过程中各类官能团的影响，本章采用原位漫反射傅里叶变换红外光谱实验系统，对陕北侏罗纪不同煤层原煤及5%阻化煤在氧化升温过程中的关键活性官能团进行实时测试，通过对比分析，从煤分子结构方面揭示阻化剂抑制煤自燃各阶段关键活性官能团的转化机制，为进一步揭示缓释抗氧型阻化剂抑制煤自燃机理提供结构转化基础。

第一节　实验方法

一、实验原理及系统

原位漫反射傅里叶变换红外光谱实验原理是应用了光的干涉基本原理。光源发出的光首先遇到分束器，被分束器分为两束光，其中一束光经反射后到达动镜，再经动镜反射最终回到分束器，另一束光则直接透射到达定镜，再由定镜反射回到分束器，故两束回到分束器的光形成了光程差，产生迈克尔干涉光。汇合的干涉光穿过装有煤样的样品池到达检测器，此时的干涉光带有煤样信息，通过傅里叶变换对这一信息进行处理，得到最终的吸光度随波数变化的红外光谱图。实验时为了去除空气的影响，得到更加准确的煤的红外光谱图，在做煤样的红外光谱前，每次实验前先用干燥的溴化钾粉末作为背景基矢扫描，然后再用实验煤样进行实验。煤氧化过程中各类分子的化学键不断发出不同的振动频率，当红外光谱照射煤结构时，煤分子中化学键会进行振动吸收，不同的基团吸收频率不同，根据实验测试红外光谱图的吸收峰位置、强度和形状，利用基团振动频率与分子结构的关系，确认分子中所含各类基团随着温度变化的实时动态演化规律。原位漫反射傅里叶变换红外光谱实验系统如图4.1所示。

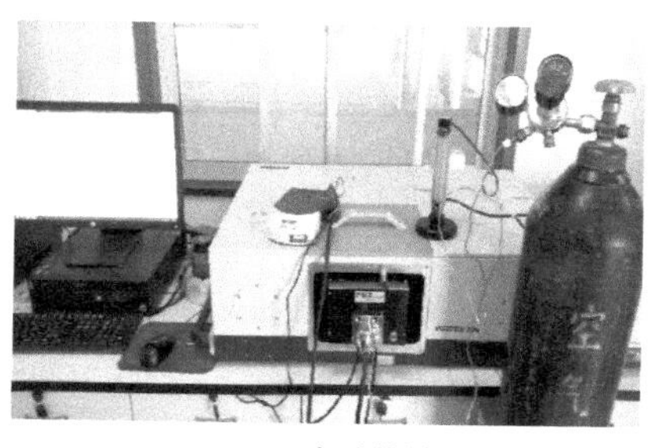

(a) 实验装置

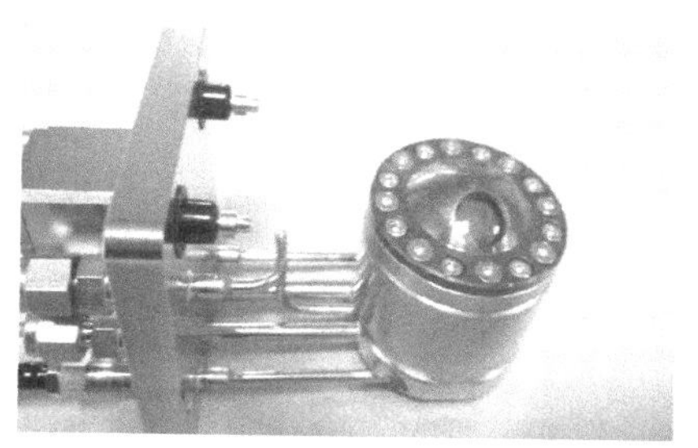

(b) 原位反应池

图 4.1　原位漫反射傅里叶变换红外光谱实验系统

二、实验条件

采用德国布鲁克 VERTEX 70v 红外光谱仪实时检测煤自燃过程中化学结构变化情况，确定原煤及阻化煤主要活性官能团演变规律。煤样选取陕北侏罗纪延安组煤层 1^{-2}、2^{-2}、3^{-1}、4^{-2}、4^{-3}、5^{-2} 以及分别经阻化剂处理后的样品，煤样粒度均为 200 目。设置采集扫描次数为 32 次，分辨率为 4 cm^{-1}，采集时间间隔为 30 s，采集波数范围为 400～4 000 cm^{-1}。在流量为 100 mL/min 的空气气氛下，原煤及阻化煤以升温速率 2 ℃/min 进行氧化升温，实验温度区间为 30～300 ℃。原位红外光谱实验条件与 DSC 热分析实验条件保持一致，实验条件如表 4.1 所列。

表 4.1　不同煤层原煤及阻化煤的原位红外光谱实验条件

实验编号	煤样	粒度/目	温度范围/℃
1	1^{-2}煤层原煤	200	30～300
2	1^{-2}煤层阻化煤	200	30～300
3	2^{-2}煤层原煤	200	30～300
4	2^{-2}煤层阻化煤	200	30～300
5	3^{-1}煤层原煤	200	30～300
6	3^{-1}煤层阻化煤	200	30～300
7	4^{-2}煤层原煤	200	30～300
8	4^{-2}煤层阻化煤	200	30～300
9	4^{-3}煤层原煤	200	30～300
10	4^{-3}煤层阻化煤	200	30～300
11	5^{-2}煤层原煤	200	30～300
12	5^{-2}煤层阻化煤	200	30～300

三、测试过程

仪器连接好后,开始进行测试,详细测试步骤如下:

① 将外接温控器系统、供气装置、水冷装置与原位反应池连接好,然后启动红外光谱仪,进行预热设备,并对检测器进行液氮冷却;

② 启动红外光谱实时采集软件 OPUS,依次设定采集扫描次数为 32 次,分辨率为 4 cm^{-1},采集波数范围为 400~4 000 cm^{-1};

③ 摆正原位反应池,校正红外光谱强度,将干燥好的溴化钾粉末放入原位反应池进行背景基矢采集;

④ 清理溴化钾粉末,准确称取煤样装入原位反应池,打开空气流,并开启外接温控器系统,设置温度从 30 ℃升至 300 ℃结束,升温速率 2 ℃/min;

⑤ 待原位反应池温度升至 30 ℃,开启 OPUS 软件实时采集红外光谱图,直至设置温度结束。

第二节　煤表面主要官能团分布

一、活性官能团的三维红外光谱分析

实验测试得到陕北侏罗纪不同煤层原煤及阻化煤氧化过程中分子结构的三维红外光谱如图 4.2 所示。

目前处理红外光谱图的基本程序为先官能团区后指纹区,或者先强峰后弱峰。由图 4.2 可知,煤样在官能团区 4 000~1 300 cm^{-1}出现强度各异的峰,该区域主要是由一些含氢的官能团和含双键、三键的官能团产生的,特点是峰的数目较少但强度较大,并在指纹区 1 300~400 cm^{-1}也表现出一些重叠峰,但峰强度较弱,该区域主要由不含氢的单键官能团伸缩振动和双键、三键的官能团引起,会出现大部分峰找不到准确归属的问题。

二、红外光谱的预处理

红外光谱图可定量表现煤氧化过程中官能团含量,但谱图存在计算过程复杂以及多组分谱线混叠问题。针对该问题,二阶导数谱可以摆脱背景干扰,消除基线漂移的影响,而且能够区分混叠谱峰、提高光谱的分辨率。但是直接对原红外光谱图求导会不可避免地放大高频噪声成分。

因此,首先对煤原始谱图用 Savitzky-Golay 算法进行平滑滤波,提高光谱的平滑线并降低干扰。

基于 Beer-Lambert 定律,将平滑处理后的红外光谱图进行吸光度与官能团

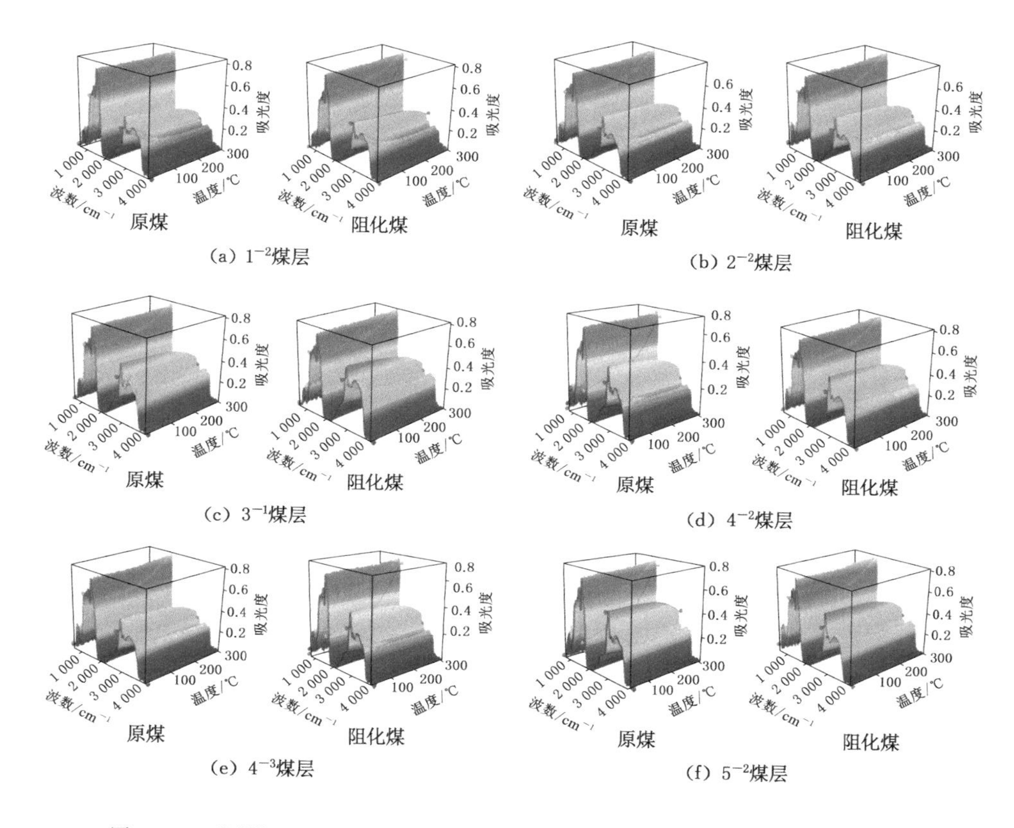

(a) 1^{-2}煤层　(b) 2^{-2}煤层
(c) 3^{-1}煤层　(d) 4^{-2}煤层
(e) 4^{-3}煤层　(f) 5^{-2}煤层

图 4.2　不同煤层原煤及阻化煤氧化升温过程中分子结构的三维红外光谱图

含量的定量转换。原位红外探测器扫描到的煤氧化过程中吸光度可采用式(4.1)计算：

$$A(v) = K(v) I_0(v) \tag{4.1}$$

式中　$A(v)$——在波数为 v 处的吸光度；

$K(v)$——在波数 v 处的吸光度系数；

$I_0(v)$——在波数 v 处的官能团含量。

光谱二阶求导一般来讲有直接差分法、Norris 求导法和 Savitzky-Golay 求导法。而对于分辨率高且波长采样点多的光谱，直接差分法求导与实际相差不大，德国布鲁克 VERTEX 70v 红外光谱仪分辨率较高，可采用直接差分法对式(4.1)进行二阶求导：

$$A(v)'' = K(v)'' I_0(v) + 2K(v)' I_0(v)' + K(v) I_0(v)'' \tag{4.2}$$

在红外线扫描时，光与电流呈非线性关系，但 $I_0(v)''$ 却远远小于原函数，故式(4.2)中第三项可近似省略，而第二项在吸收峰中心位置为零，$K(v)''$ 与 $I_0(v)$ 近似呈线性关系，因此 $A(v)''$ 在吸收峰处与 $I_0(v)$ 近似呈线性关系。

对陕北侏罗纪不同煤层常温条件下的红外光谱图进行 Savitzky-Golay 滤波后的直接差分法二阶求导，如图 4.3 所示。

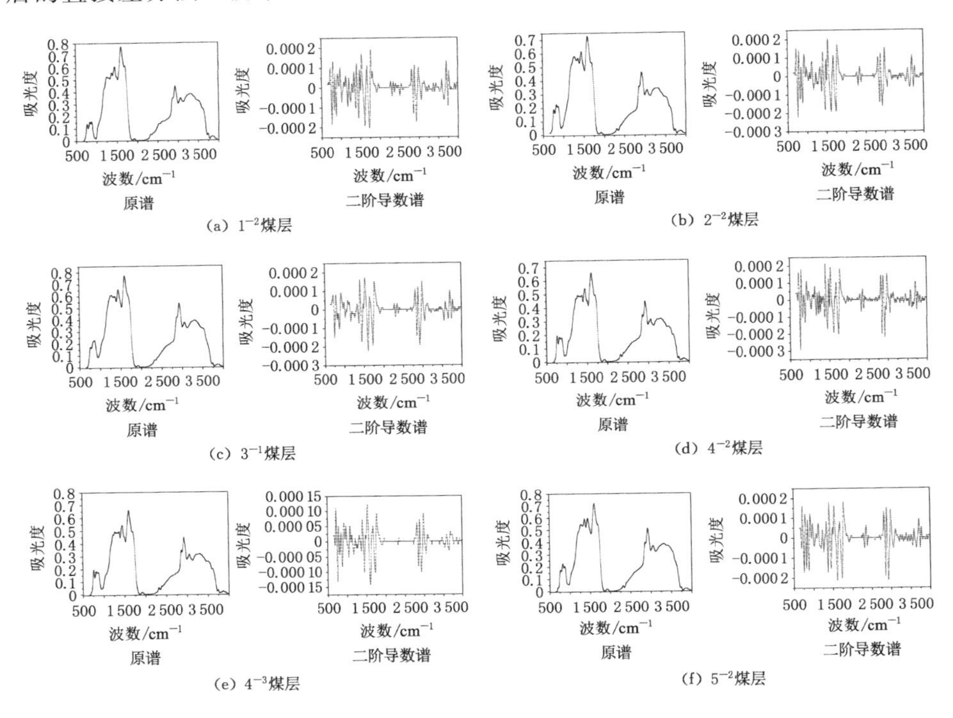

图 4.3　不同煤层常温条件下的红外光谱图

由图 4.3 可知，经 Savitzky-Golay 滤波后的二阶导数谱图与未经滤波的原谱图相比，其高频噪声以及多组分谱线混叠大幅度减弱，待测官能团的吸收特征更加明显。根据前人不断对煤红外光谱特征研究总结，同一种官能团的吸收光谱位置是一致的，结合煤化学知识及大量红外实验结果，得出煤主要官能团红外光谱归属，然后通过二阶导数谱图峰出现的位置，查找出所属官能团，并根据官能团峰高定量分析关键活性官能团含量变化规律。煤主要官能团红外光谱归属表如表 4.2 所列。

表 4.2　煤主要官能团红外光谱归属表

类型		谱峰编号	谱峰位置 /cm^{-1}	官能团	谱峰归属
脂肪烃	$—CH_3$ $—CH_2$	1	2 975～2 950	$—CH_3$	环烷或脂肪族中$—CH_3$反对称伸缩振动
		2	2 935～2 918	$—CH_3$/$—CH_2$	环烷或脂肪族中甲基、亚甲基反对称伸缩振动
		3	2 882～2 862	$—CH_3$	环烷或脂肪族中$—CH_3$对称伸缩振动
		4	2 858～2 847	$—CH_2$	$—CH_2$对称伸缩振动
		5	1 470±5	$—CH_2$	$—CH_2$变角振动
		6	1 460±5	$—CH_3$	$—CH_3$反对称变角振动，特征频率
		7	1 375±5	$—CH_3$	$—CH_3$对称变角振动
芳香烃	芳烃	8	3 100～3 000	C—H	芳烃 C—H 伸缩振动
		9	1 910～1 900	C—C/C—H	苯的 C—C，C—H 振动倍频和合频峰
	芳环	10	1 620～1 430	C═C	芳香环/稠环中 C═C 骨架伸缩振动
	取代苯	11	910～675	C—H	取代苯类 C—H 面外弯曲振动
含氧官能团	—OH	12	3 700～3 625	—OH	游离—OH，判断醇/酚/有机酸类
		13	3 624～3 610	—OH	—OH 自缔合氢键，醚 O 与—OH 氢键
		14	3 550～3 200	—OH	酚/醇/羧酸—OH 或分子间缔合的氢键
	C═O	15	1 880～1 785	C═O	酸酐羰基 C═O 伸缩振动
		16	1 780～1 630	C═O	醛/酮/羧酸/酯/醌 C═O 伸缩振动
	C—O	17	1 330～900	C—O	酚、醇、醚、酯碳氧键
	—COO—	18	2 780～2 350	—COOH	—COOH 的—OH 伸缩振动

三、煤氧化特征温度下的红外光谱分析

根据第三章陕北侏罗纪不同煤层原煤及阻化煤氧化过程中热流强度变化特征，得到了热流曲线中的三个代表性的特征温度点。通过红外光谱专用处理软件 OPUS 对各特征温度点下的红外光谱图进行提取，对比特征温度之间的差谱，探究煤氧化过程中活性官能团在水分蒸发及气体脱附阶段、缓慢氧化阶段、加速氧化阶段、快速氧化阶段的变化规律。陕北侏罗纪不同煤层原煤及阻化煤在特征温度下的原红外光谱图及预处理后的红外光谱图如图 4.4 所示（图中某煤对应的左图为原红外光谱图，右图为预处理后的红外光谱图）。

由图 4.4 可知，煤氧化升温过程中活性官能团的消耗与产生主要发生在脂肪烃、芳香烃以及含氧官能团三类吸收谱带。

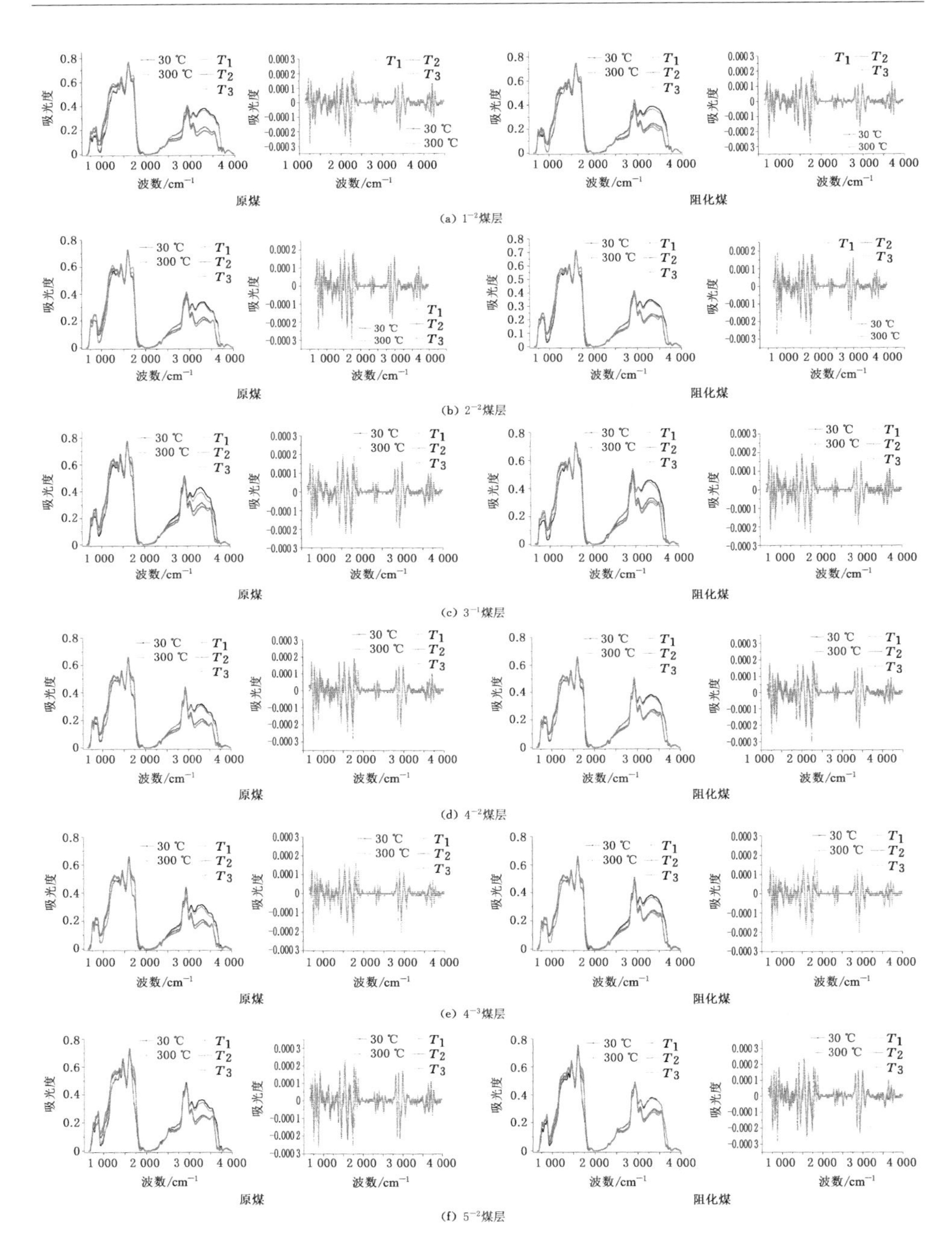

图 4.4　不同煤层原煤及阻化煤在特征温度下的原红外光谱图及预处理后的红外光谱图

脂肪烃的谱带主要位于波数 3 000～2 800 cm^{-1}范围内，陕北侏罗纪煤红外光谱图经过二阶求导可准确判断出具体位置，发现煤自燃过程中这个范围内有两个明显谱峰，在波数 2 935～2 918 cm^{-1}范围内环烷或脂肪族中甲基、亚甲基反对称伸缩振动，以及在波数 2 858～2 847 cm^{-1}范围内亚甲基对称伸缩振动。

芳香烃中，经二阶求导处理后，在波数 3 050～3 030 cm^{-1}范围内芳烃 C—H 的伸缩振动明显，特征温度差谱反映其在煤自燃过程中参与化学反应而被消耗。在波数 1 604～1 599 cm^{-1}范围内是芳烃 C ═C 骨架的伸缩振动，对比特征温度点下的红外光谱图可知 C ═C 骨架较为稳定，未见明显变化。

含氧官能团中，在波数 3 700～3 200 cm^{-1}范围内都为羟基，该范围主要存在 3 种形式的羟基：波数 3 700～3 625 cm^{-1}范围内为游离羟基，在煤自燃过程中吸收峰强度变化不是十分明显；波数 3 624～3 610 cm^{-1}范围内为分子间的氢键，主要是分子间作用力；波数 3 550～3 200 cm^{-1}范围内为酚/醇/羧酸—OH 或分子间缔合的氢键，该范围在煤氧化过程中发生十分显著变化，分子活跃参与化学反应。在波数 1 780～1 630 cm^{-1}范围内的羰基主要是醛/酮/羧酸/酯/醌 C ═O 伸缩振动，随着煤氧化温度升高也体现出较高活性。

第三节　煤氧化过程中官能团演化规律

由图 4.4 确定了煤氧化学反应的关键活性官能团具体谱峰位置，采用 OPUS 软件对该位置变化的数据进行提取解析，定量分析煤自燃过程中关键活性官能团受阻化后吸光度随温度演变情况。

一、脂肪烃官能团

选取波数 2 935～2 918 cm^{-1}范围内环烷或脂肪族中—CH_3/—CH_2反对称伸缩振动以及波数 2 858～2 847 cm^{-1}范围内—CH_2对称伸缩振动为研究对象，得到陕北侏罗纪不同煤层原煤及阻化煤氧化升温过程中—CH_3/—CH_2吸光度随温度变化曲线，如图 4.5 所示。

由图 4.5 可以看出，陕北侏罗纪不同煤层的煤，在低温氧化升温过程中，波数 2 935～2 918 cm^{-1}范围内的环烷或脂肪族中—CH_3/—CH_2反对称伸缩振动体现出的吸光度要高于波数 2 858～2 847 cm^{-1}范围内—CH_2对称伸缩振动体现出的吸光度，且均呈逐渐降低的趋势，具有相似的变化规律。这说明脂肪烃结构活跃，相关研究发现脂肪烃易受氧气的攻击发生取代和裂解反应，可生成羰基。煤大分子基本结构单元的缩合环上连接着数量不等的烷基侧链和官能团，

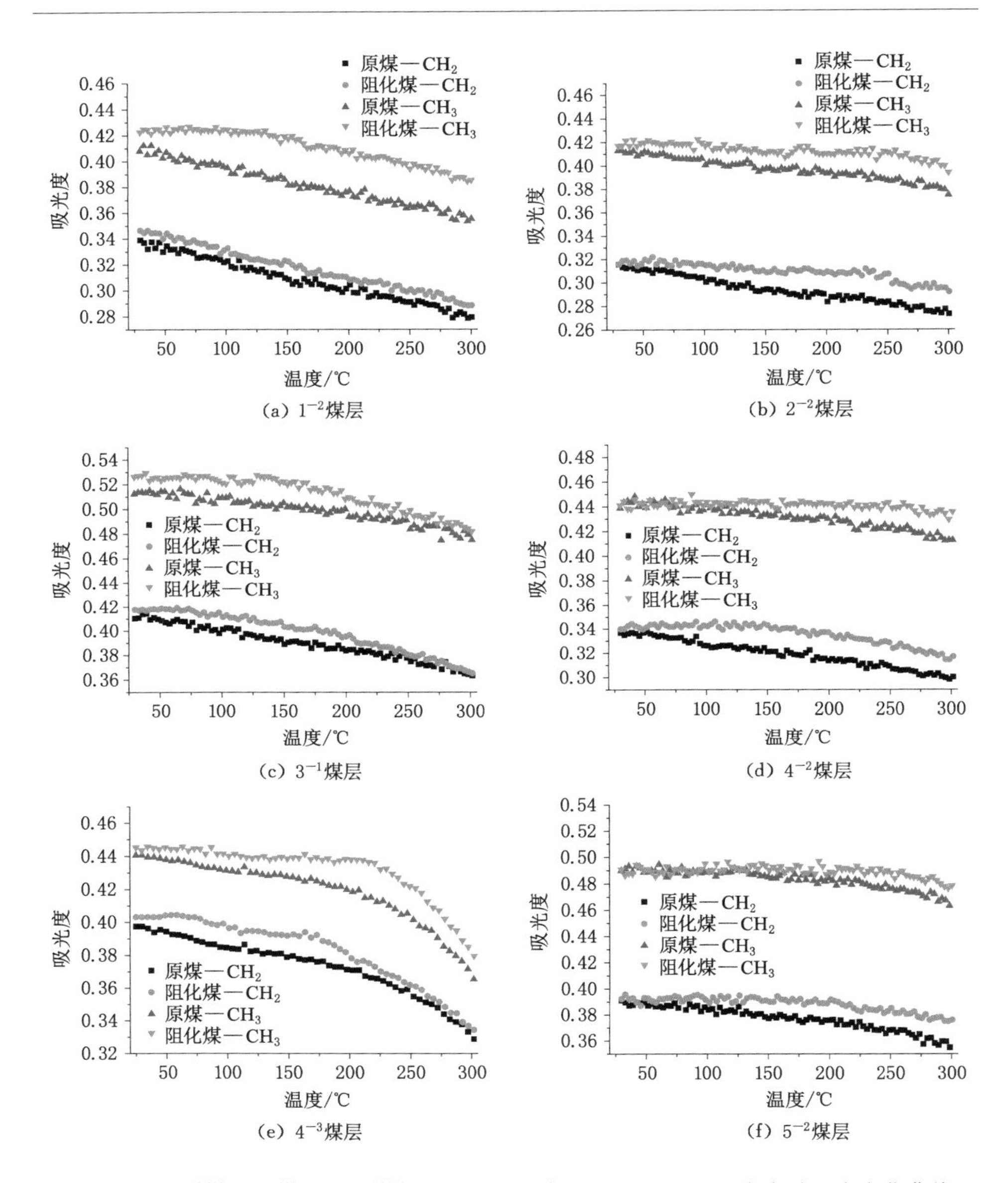

图 4.5　不同煤层原煤及阻化煤氧化升温过程中—CH_3/—CH_2吸光度随温度变化曲线

连接在缩合环上的烷基侧链主要为甲基等基团，基本结构单元通过亚甲基等桥键连接而成为三维结构。煤与氧气接触过程中，非芳香结构首先遭到破坏，根据有机化学理论对煤分子非芳香结构分析，得知环烷烃和杂环类化学性质稳定，不易在常温常压下与空气中的氧气发生反应，而因桥键受到芳环和其他结构的影响较大，比侧链更易发生氧化[199]。图 4.5 也体现出易受攻击位置的脂肪烃—CH_3/—CH_2吸光度从初始温度就开始不断降低，在煤氧化过程中表现出十分活跃的态势。

对比图 4.5 中陕北侏罗纪不同煤层原煤及阻化煤中脂肪烃的吸光度，发现阻化煤氧化升温过程中环烷或脂肪族中—CH_3/—CH_2反对称伸缩振动与—CH_2对称伸缩振动的吸光度均呈逐渐降低的趋势，但高于原煤脂肪烃的吸光度，且降低趋势变平缓。这说明煤在氧化升温过程中阻化剂抑制了脂肪烃消耗速率转变为缓慢反应。从化学反应层面分析，活跃的脂肪烃在煤低温氧化过程中，主要是碳原子上的氢原子与其他活泼原子发生取代反应以及脱氢反应。缓释抗氧型阻化剂最重要的性能就是提供大量 H^+，阻碍脂肪烃发生的链式反应，降低了脂肪烃氧化反应的传递速度，从而阻碍了脂肪烃—CH_3/—CH_2被氧化。

二、芳香烃官能团

芳香烃中波数 1 604～1 599 cm^{-1}范围内芳香环/稠环中 C═C 骨架伸缩振动在煤氧化过程中较为稳定，表明芳环比较稳定，低温阶段不易受氧气攻击。因此，选取芳香烃发生明显变化的波数 3 050～3 030 cm^{-1}范围内芳烃 C—H 为研究对象，得到陕北侏罗纪不同煤层原煤及阻化煤氧化升温过程中芳烃 C—H 吸光度随温度变化曲线，如图 4.6 所示。

煤中芳香体结构自身一般较稳定，不易与氧气发生化学反应，在波数 1 604～1 599 cm^{-1}范围内芳香环/稠环中 C═C 骨架伸缩振动在煤氧化过程中并未发生明显变化。但由图 4.6 可以看出，陕北侏罗纪不同煤层的煤在低温氧化升温过程中，在波数 3 050～3 030 cm^{-1}范围内芳烃 C—H 的吸光度随着温度升高逐渐降低，表明在煤氧化过程中芳烃也不断参与氧化反应。杨漪[200]对 6 种由低到高不同变质程度的煤中主要官能团随温度变化规律分析，发现在波数 3 050～3 030 cm^{-1}范围内芳烃 C—H 的吸光度呈现逐渐下降趋势，随着煤变质程度下降，芳烃 C—H 伸缩振动峰强度下降幅度变大，得出芳烃也具有一定活性参与反应。M. Misz 等[201]通过实验发现在低温阶段，煤结构中通过氢键和范德瓦耳斯力连接的芳烃结构，如热稳较差的多环芳烃的小分子结构，会随着温度升高逐步被破坏或者被挥发。比如萘，具有低沸点，在原煤开采或者储存运输过程中就会被析出[202]。通过工业分析可知陕北侏罗纪不同煤层的挥发分较高，均在 30%以上，芳烃 C—H 在煤氧化过程中可能以小分子多环芳烃形式被氧化消耗。因此，在煤氧化过程中芳烃 C—H 被逐渐氧化消耗。

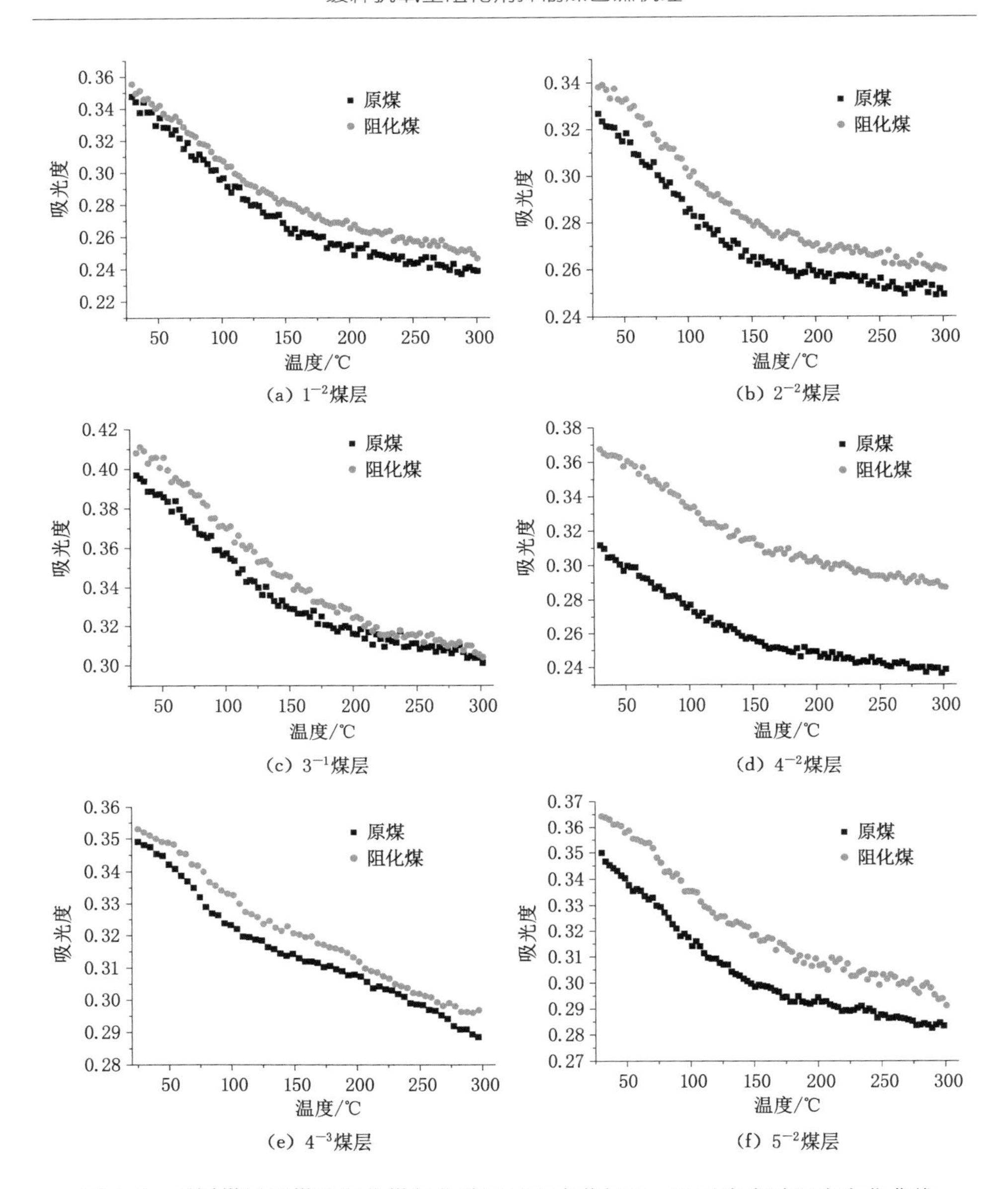

(a) 1^{-2}煤层 (b) 2^{-2}煤层

(c) 3^{-1}煤层 (d) 4^{-2}煤层

(e) 4^{-3}煤层 (f) 5^{-2}煤层

图 4.6　不同煤层原煤及阻化煤氧化升温过程中芳烃 C—H 吸光度随温度变化曲线

对比图 4.6 中陕北侏罗纪不同煤层原煤及阻化煤中芳烃 C—H 的吸光度，发现阻化煤氧化升温过程中芳烃 C—H 的吸光度下降趋势平缓并且高于原煤脂肪烃的吸光度。缓释抗氧型阻化剂中物理机制主要破坏煤体内部热量积聚对煤进行降温，而芳烃 C—H 的消耗减缓主要是抗氧化剂具有强消除自由基能力造成的。在煤氧化升温过程中，阻化剂中抗氧化剂不同程度地抑制了陕北侏罗纪煤结构中小分子的氧化反应，使芳烃 C—H 消耗转为缓慢氧化。不同煤层煤分子结构的复杂性与差异性，造成阻化效果也有差异性，其中对 4^{-2} 煤层的阻化效果最优越。综合说明缓释抗氧型阻化剂在一定程度上抑制了煤中芳香烃的氧化消耗。

三、含氧官能团

将红外光谱图处理后可知，波数 3 550～3 200 cm^{-1} 范围内酚/醇/羧酸—OH 或分子间缔合的氢键在煤氧化过程中体现得最为活跃。选取该范围最强峰位置来分析—OH 在煤氧化升温过程中的变化特征，如图 4.7 所示。含氧官能团中，在波数 1 780～1 630 cm^{-1} 范围内醛/酮/羧酸/酯/醌伸缩振动的 C═O 随着煤氧化升温过程也发生十分显著的变化。陕北侏罗纪不同煤层原煤及阻化煤氧化升温过程中 C═O 吸光度随温度变化曲线如图 4.8 所示。

由图 4.7 可知，陕北侏罗纪不同煤层的煤在低温氧化升温过程中，波数 3 550～3 200 cm^{-1} 范围内酚/醇/羧酸—OH 吸光度随着温度升高整体呈现逐渐下降趋势，主要原因为煤结构自身具有一定量的—OH，在煤氧化过程中不断被氧化或者分解反应消耗，造成吸光度下降。同时脂肪族吸光度也表现出下降趋势，A. H. Clemens 等[123]认为芳香族吸光度下降主要是与氧分子结合反应生成—OH。因此，酚/醇/羧酸—OH 吸光度的变化是两个反应综合表征的结果。陕北侏罗纪不同煤层煤氧化升温至 150 ℃之前，均表现出酚/醇/羧酸—OH 吸光度快速下降，说明—OH 是十分活跃的官能团，在反应初期就参与氧化反应而大量消耗，即使存在氧化生成—OH，但也远低于消耗速率。氧化温度超过 150 ℃后，酚/醇/羧酸—OH 吸光度呈现缓慢下降趋势，说明脂肪烃氧化反应生成—OH 的速率开始变快，脂肪烃在该温度区域的下降趋势也证明了脂肪烃氧化速率提升，但还是不及—OH 消耗速率，总体反映为吸光度缓慢下降。这说明陕北侏罗纪不同煤层的煤中酚/醇/羧酸—OH 在氧化过程中十分活跃。有学者研究证实酚/醇/羧酸—OH 在氧化过程中十分活跃与关键，王德明等[203]采用前线轨道理论与量子化学计算建立了 13 个基元反应，发现—OH 是煤氧化过程中原生活性官能团与次生自由基活性官能团的关键活性连接基团，在煤质量损失和热量释放过程中起着主导地位。

对比图 4.7 中陕北侏罗纪不同煤层原煤及阻化煤中—OH 的吸光度，发现在常温时 6 个阻化煤的—OH 的吸光度均高于原煤的—OH 的吸光度，主要原因是阻化剂中含有大量酚羟基，造成该处吸光度很高。随着煤氧化升温，阻化后

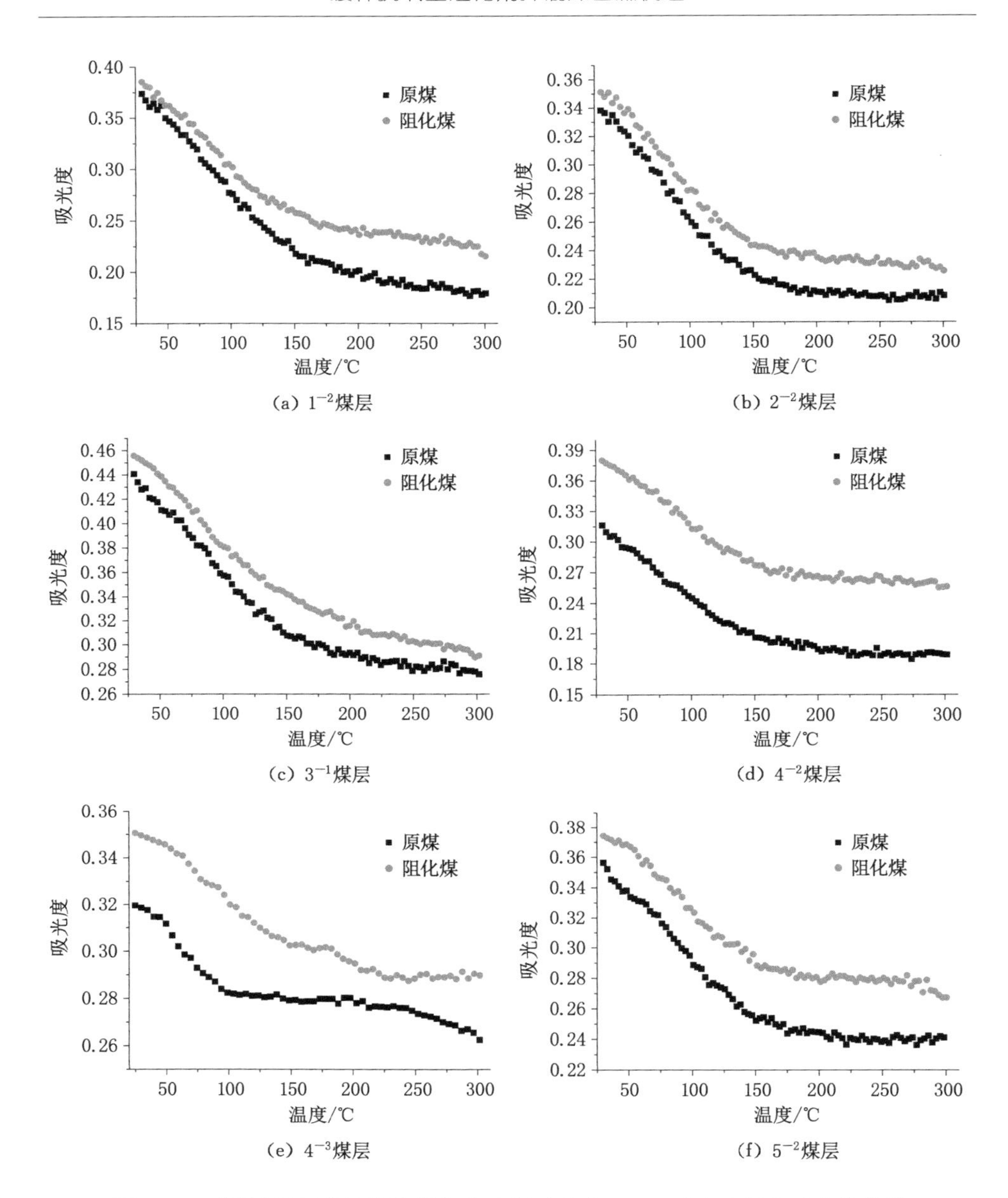

图 4.7　不同煤层原煤及阻化煤氧化升温过程中—OH 吸光度随温度变化曲线

的陕北侏罗纪煤在波数 3 550～3 200 cm^{-1} 范围内的酚/醇/羧酸—OH 吸光度呈先快后缓慢的下降趋势，但均高于原煤—OH 吸光度，原因是缓释抗氧型阻化

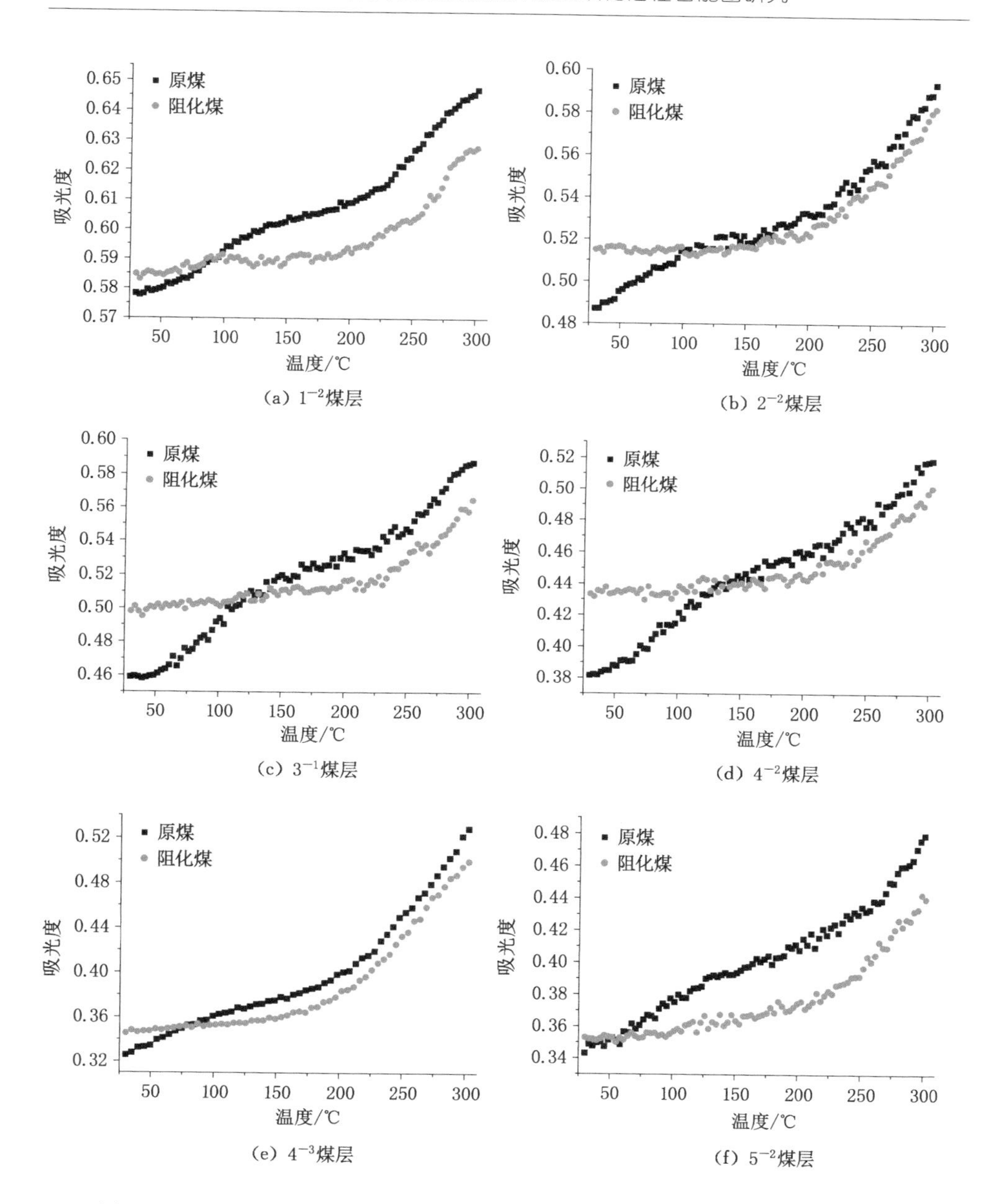

图 4.8　不同煤层原煤及阻化煤氧化升温过程中 C═O 吸光度随温度变化曲线

剂良好地抑制了涉及—OH 消耗的链式反应，使其转变为缓慢氧化消耗。

由图 4.8 可知，陕北侏罗纪不同煤层煤在低温氧化升温过程中，波数 1 780～

1 630 cm^{-1}范围内醛/酮/羧酸/酯/醌伸缩振动的 C=O 吸光度随着温度升高整体均呈现不断增加趋势。C=O 在氧化升温过程中吸光度的变化趋势较前面脂肪烃、芳香族以及酚/醇/羧酸—OH 吸光度的变化趋势恰好相反，原因为羰基化合物是参与煤氧化过程中重要的中间过渡基团，随着煤氧化温度逐渐升高，脂肪烃发生氧化生成—OH，大量原有的与生成的—OH 的结构状态不稳定，会进一步氧化生成 C=O，并伴随水、CO 与 CO_2气体释放。H. Fujitsuka 等[204]通过实验也发现在升温氧化过程中煤表面—OH 吸光度持续降低，而羧基及酸酐等含 C=O 的主要氧化产物随反应体系的温度升高而逐渐增加。

对比图 4.8 中陕北侏罗纪不同煤层原煤及阻化煤中醛/酮/羧酸/酯/醌伸缩振动的 C=O 的吸光度，发现温度较低时阻化煤中 C=O 的吸光度要高于原煤中 C=O 的吸光度。这是因为在提升花青素分子结构稳定性时，没食子酸分子修饰了花青素，所以导致修饰后的花青素结构中含有 C=O。同时阻化剂与煤中活跃结构在温度较低时反应也可能生成了 C=O。随着煤反应体系温度不断升高，在煤缓慢氧化阶段时，阻化煤中 C=O 的吸光度开始逐渐低于原煤中 C=O 的吸光度，并且在加速与快速这两个氧化阶段都低于原煤中 C=O 的吸光度。从阻化煤中醛/酮/羧酸/酯/醌伸缩振动的 C=O 的吸光度变化趋势可知，缓释抗氧型阻化剂减弱了脂肪烃氧化反应生成—OH 以及—OH 进一步氧化生成 C=O 的链式反应，揭示了阻化剂抑制陕北侏罗纪煤氧化的机理。

本章小结

本章采用原位漫反射傅里叶变换红外光谱实验系统对陕北侏罗纪不同煤层原煤及阻化煤测试得到在氧化升温过程中的三维红外光谱图，经过 Savitzky-Golay 滤波后的二阶求导处理，摆脱背景干扰，消除基线漂移的影响，而且能够区分混叠谱峰、提高光谱的分辨率，从而从分子角度揭示了缓释抗氧型阻化剂抑制煤自燃过程中活跃基团动态演变特征。本章主要内容与结论如下。

（1）对不同特征温度点下的红外光谱图进行二阶求导精确处理，得出在波数 2 935～2 918 cm^{-1}范围内环烷或脂肪族中—CH_3/—CH_2反对称伸缩振动、在波数 2 858～2 847 cm^{-1}范围内—CH_2对称伸缩振动、在波数 3 050～3 030 cm^{-1}范围内芳烃 C—H 伸缩振动、在波数 3 550～3 200 cm^{-1}范围内的酚/醇/羧酸—OH、在波数 1 780～1 630 cm^{-1}范围内 C=O 伸缩振动，随着煤氧化升温发生显著变化，在波数 1 604～1 599 cm^{-1}范围内 C=C 骨架的伸缩振动较为稳定，未发生显著变化。

(2) 脂肪烃在氧化升温过程中表现出波数 2 935～2 918 cm^{-1} 范围内—CH_3/—CH_2 反对称伸缩振动体现出的吸光度要高于波数 2 858～2 847 cm^{-1} 范围内—CH_2 对称伸缩振动体现出的吸光度，且均呈逐渐降低的趋势。对于脂肪族—CH_3/—CH_2 反对称伸缩振动与—CH_2 对称伸缩振动处的吸光度，阻化煤的较原煤的消耗减少且变化趋势逐渐平缓，但均高于原煤的。脂肪烃易受氧气的攻击发生取代和裂解反应，其中桥键受芳环和其他结构的影响较大，比侧链更易发生氧化，阻化剂通过提供大量 H^+，阻碍脂肪烃发生的链式反应，降低了脂肪烃氧化反应的传递速度，从而阻碍了脂肪烃—CH_3/—CH_2 被氧化。

(3) 芳香环/稠环中 C═C 骨架伸缩振动在煤氧化过程中并未发生明显变化，芳烃 C—H 随着温度升高逐渐参与反应消耗，陕北侏罗纪不同煤层的煤挥发分较高，芳烃 C—H 在煤氧化过程中以小分子多环芳烃形式被氧化消耗。阻化煤芳烃 C—H 的吸光度高于原煤脂肪烃吸光度且下降趋势平缓。芳烃 C—H 的消耗减缓主要是抗氧化剂具有消除自由基的能力造成的，抑制了陕北侏罗纪煤结构中小分子的氧化反应，使芳烃 C—H 消耗转为缓慢氧化。

(4) 酚/醇/羧酸—OH 吸光度随着温度升高整体呈现逐渐下降趋势，在煤氧化升温过程中不断被氧化或者分解消耗，造成吸光度下降。150 ℃之前，—OH 吸光度快速下降，说明—OH 在反应初期就参与氧化反应而大量消耗，即使存在氧化生成—OH，但也远低于消耗速率。150 ℃后，—OH 吸光度呈现缓慢下降趋势，脂肪烃氧化反应生成—OH 的速率开始变快，但不及—OH 消耗速率，总体反映为吸光度缓慢下降。阻化煤—OH 吸光度呈先快后缓慢的下降趋势，但均高于原煤—OH 吸光度，可以得出阻化剂良好地抑制了煤样—OH 的氧化消耗，使其转变为缓慢氧化。

(5) 醛/酮/羧酸/酯/醌伸缩振动的 C═O 吸光度随着温度升高整体均呈现不断增加趋势，C═O 在氧化升温过程中吸光度的变化趋势较前面脂肪烃、芳香族以及酚/醇/羧酸—OH 吸光度的变化趋势恰好相反，表明羰基化合物是参与煤氧化过程中重要的中间过渡基团，随着煤氧化温度逐渐升高，脂肪烃发生氧化生成—OH，大量原有的与生成的—OH 的结构状态不稳定，会进一步氧化生成 C═O。在煤缓慢氧化阶段，阻化煤中 C═O 的吸光度逐渐低于原煤中 C═O 的吸光度，在加速与快速两个氧化阶段都低于原煤中 C═O 的吸光度，表明阻化剂减弱了煤活性官能团生成 C═O 的链式反应。

第五章 缓释抗氧型阻化剂抑制煤自燃气体表征研究

由第三章与第四章的分析可知，煤是由多种侧链的缩合芳环为结构单元组成的，当氧气吸附在煤体孔隙中，一些结构较弱的化学键断裂，产生新的活性官能团，这些官能团继续参与氧化反应，致使煤氧反应持续发展，同时伴随热效应。但是煤自燃氧化的宏观表现为一系列气体的生成，如 CO、CO_2、烷烃类气体、烯烃类气体以及炔类气体等。大量现场检测与实验测试表明，采用煤自燃过程中释放的气体产物作为指标对煤自燃程度进行预测预报是当前普遍采用的方法。目前主要采用碳氧化物及碳氢化物作为指标气体，这些气体具有易检测、代表性强以及规律明显的特点。在不同温度条件下煤中活性结构会逐步活化与氧分子发生氧化反应，导致煤结构裂解，形成自由基，该类自由基与煤结构中已经存在的自由基组合，会形成特定指标气体释放。本章利用自主搭建的程序升温实验平台对煤样自燃过程释放的气体进行测试，从宏观气体层面分析缓释抗氧型阻化剂对陕北侏罗纪不同煤层煤样的阻化效果。

第一节 实验方法

一、实验原理

煤自燃本质导因是煤表面分子结构中活性官能团与氧气不断发生复杂的化学反应，生成一系列气体，如 CO、CO_2、CH_4、C_2H_4、C_2H_6等，同时伴随着反应热的释放。矿井采空区遗煤需要经历漫长的物理与化学作用致使热量积聚而发生自燃，耗时较长。为了快速、高效率地研究煤自燃全过程，本实验通过自主搭建煤自燃高温程序升温实验平台，测试陕北侏罗纪不同煤层的煤样在不同温度条件下生成气体的种类及浓度，以及中心温度的变化情况，通过数据处理得到煤样在程序升温过程中煤温、耗氧速率、气体产生率等特征参数的变化规律。

二、实验系统

本实验搭建的程序升温实验平台如图 5.1 所示，程序升温系统示意图如

图 5.2 所示。该系统组成部分包括：气源、程序升温箱、煤氧化反应器、温度及气体检测系统。

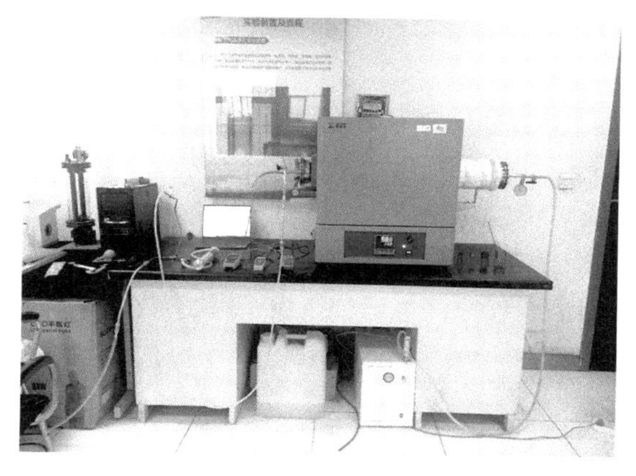

图 5.1　程序升温实验平台

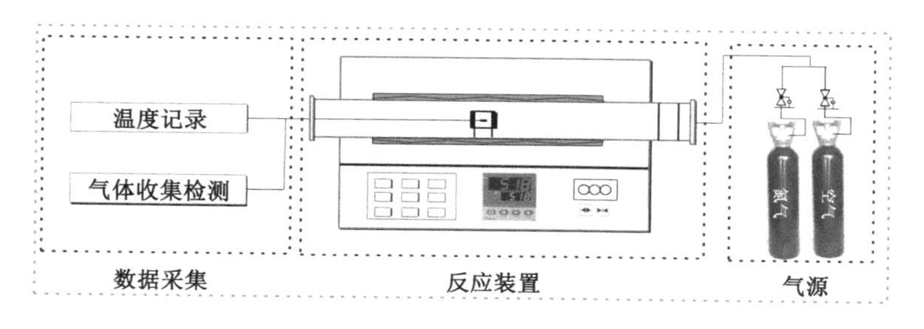

图 5.2　程序升温系统示意图

(1) 气源及气密性

采用 SPB-3 型全自动空气泵为气源，为保障气流顺畅，压力设置为 0.2 MPa。通过连接转子流量计控制流量。气路主要为内径 2.5 mm、外径 4.0 mm 的透明 PVC 管相连接，在进入程序升温箱前的气路中装有一压力表，确保整个装置气流通顺，防止堵塞。程序升温箱中为长 100 cm、内径 10 cm、厚度 0.5 cm 的石英管，石英管两端为气密性法兰，关闭法兰可实现抽真空，保证反应室及气路良好的气密性。

(2) 程序升温箱

采用洛阳西格马高温电炉有限公司生产的可控气氛管式电阻炉(型号为 SNMT100/10A)为程序升温箱。该程序升温箱为可编程智能型，可设定恒定升温速率，实现升温速率为 1 ℃/min、2 ℃/min 等，温度最高升至 1 000 ℃。该程序升温箱采用电阻丝加热,具体结构分布为石英管四周为陶瓷材质,陶瓷外围被加热丝均匀缠绕,电源通电后热量通过热传导与热辐射方式使石英管内部均匀受热。

(3) 煤氧化反应器

煤氧化反应器用于盛装煤样,是煤与氧气发生复杂化学反应的场所。为了使煤与氧气充分接触反应,最初设计的煤氧化反应器为石英舟与耐高温瓷方舟(图 5.3)。经过多次实验后发现石英舟与耐高温瓷方舟中的煤在氧化升温过程中未反应完全,致使表面出现一层灰烬。通过增加通风量未起到很好的改善效果,主要原因是气流不能与反应器底部煤充分接触,导致氧气不能与煤充分反应。

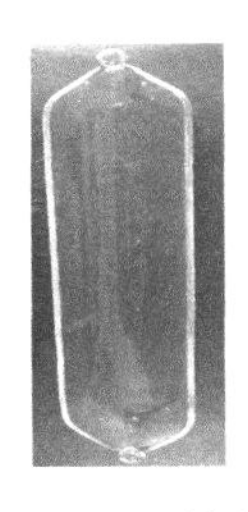
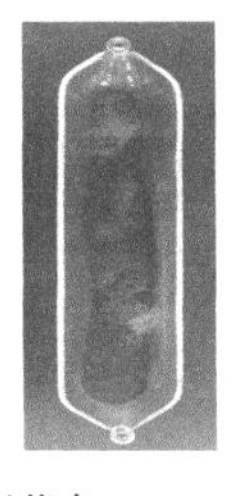

(a) 石英舟

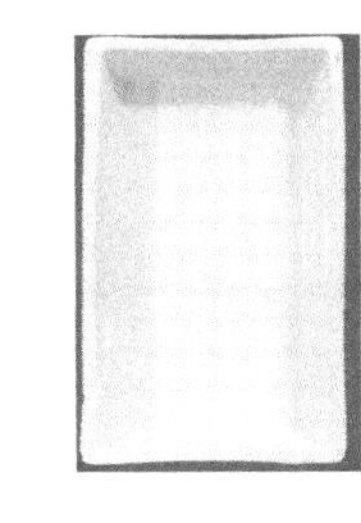

(b) 耐高温瓷方舟

图 5.3　石英舟与耐高温瓷方舟

对煤氧化反应器重新设计,首先选择 304 不锈钢管(长 115.0 mm、内径 2.0 mm),两端分别加入孔径为 0.8 mm 的冲孔板焊接的柱形网拖(高 3.0 mm、直径 2.0 mm)确保进出气体均匀。最后,添加紫铜垫片,拧紧装置端头,防止漏气。但为保证气密性,每次实验装煤需两人共同参与拧紧管口,并不断检验实验装置气密性。该装置每次进行煤氧化升温实验,要求时间较长且操作复杂。重新设计的煤氧化反应器如图 5.4 所示。

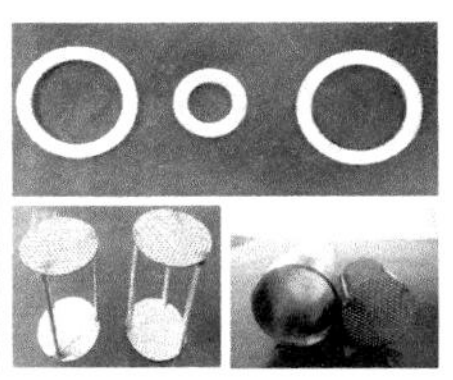
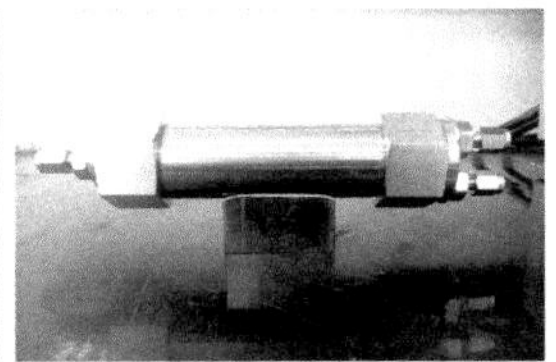

图 5.4　重新设计的煤氧化反应器

通过不断设计改造,得到最终的煤氧化反应器,如图 5.5 所示。该装置是由孔径为 0.5 mm 的冲孔板焊接成正方体,体积分别为 1.0 cm^3、2.0 cm^3、3.0 cm^3

以及 4.0 cm^3。为保证装置中煤与氧气充分反应,设置装置的支撑腿高度分别为 3.5 cm、3.0 cm、2.5 cm 以及 2.0 cm,并将其置于石英管正中心。在进行多次煤氧化升温实验时,发现在体积为 3.0 cm^3,装煤 10.0 g 与流量 100 mL/min 的条件下煤中心点温度及释放气体规律性明显,重复性好。

图 5.5　最终的煤氧化反应器

(4) 温度及气体检测系统

采用 2 根德国进口 K 型铠装热电偶(型号为 KPS-IN600-K-1.0-300-SMPW-K-M)进行煤氧化反应器中温度测量。该热电偶直径 0.5 mm、长度 500.0 mm,其探头 1 置于煤氧化反应器正中心位置,探头 2 位于探头 1 正上方 1.0 cm 处。热电偶通过插头与测温仪连接,测温仪型号为 YET-620。该测温仪采用循环测量技术,可同时对双热电偶温度进行测量,在低功耗的情况下,采样率可达到 2 次/s。基于高精密电路原理与高精度参考源以及精确校准,该测温仪分辨率达到了 0.01 ℃。

在煤氧化升温过程中,煤温每升高 10 ℃,用 50 mL 一次性注射器连接预留出气口并均匀缓慢抽气采集,抽气后迅速用乳胶针筒堵头塞堵住注射器口。最后采用气相色谱仪(型号为 3420A)进行不同温度条件下的气体组分及浓度准确测试。

温度及气体检测系统如图 5.6 所示。

三、实验条件

原煤:选取陕北侏罗纪延安组 1^{-2}、2^{-2}、3^{-1}、4^{-2}、4^{-3} 及 5^{-2} 煤层原煤进行程序升温实验。测试样品质量为 10 g,煤样粒径与 DSC 热分析及原位红外光谱实验煤样粒径保持一致,为 200 目。实验首先在 30 ℃ 恒温条件下采用流量 100 mL/min 的干燥空气通风 1 h,然后按照升温速率 2 ℃/min 升温,温度区间为 30～300 ℃。煤样中心温度每升高 10 ℃ 收集一次气体并进行色谱分析。

阻化煤:选取陕北侏罗纪不同煤层的原煤 10 g 与 0.5 g 缓释抗氧化型阻化剂制备为阻化煤。阻化煤粒径与原煤粒径保持一致,为 200 目。阻化煤的程序

(a) 温度检测　　(b) 气体检测

图 5.6　温度及气体检测系统

升温实验过程与原煤的保持相同，如上所述。

不同煤层原煤及阻化煤的程序升温实验条件如表 5.1 所列。

表 5.1　不同煤层原煤及阻化煤的程序升温实验条件

实验编号	煤样	质量/g	粒度/目	温度范围/℃
1	1^{-2}煤层原煤	10	200	30～300
2	1^{-2}煤层原煤＋阻化剂	10＋0.5	200	30～300
3	2^{-2}煤层原煤	10	200	30～300
4	2^{-2}煤层原煤＋阻化剂	10＋0.5	200	30～300
5	3^{-1}煤层原煤	10	200	30～300
6	3^{-1}煤层原煤＋阻化剂	10＋0.5	200	30～300
7	4^{-2}煤层原煤	10	200	30～300
8	4^{-2}煤层原煤＋阻化剂	10＋0.5	200	30～300
9	4^{-3}煤层原煤	10	200	30～300
10	4^{-3}煤层原煤＋阻化剂	10＋0.5	200	30～300
11	5^{-2}煤层原煤	10	200	30～300
12	5^{-2}煤层原煤＋阻化剂	10＋0.5	200	30～300

第二节　氧气浓度及耗氧速率变化规律

一、氧气浓度

氧气是煤氧化的关键因素，当煤中活性官能团与空气中的氧气发生反应时，氧气的消耗和气态产物的释放可反映出煤自燃的程度。陕北侏罗纪不同煤层原煤及阻化煤从常温氧化升温至 300 ℃的过程中，氧气浓度随温度的变化曲线如图 5.7 所示。

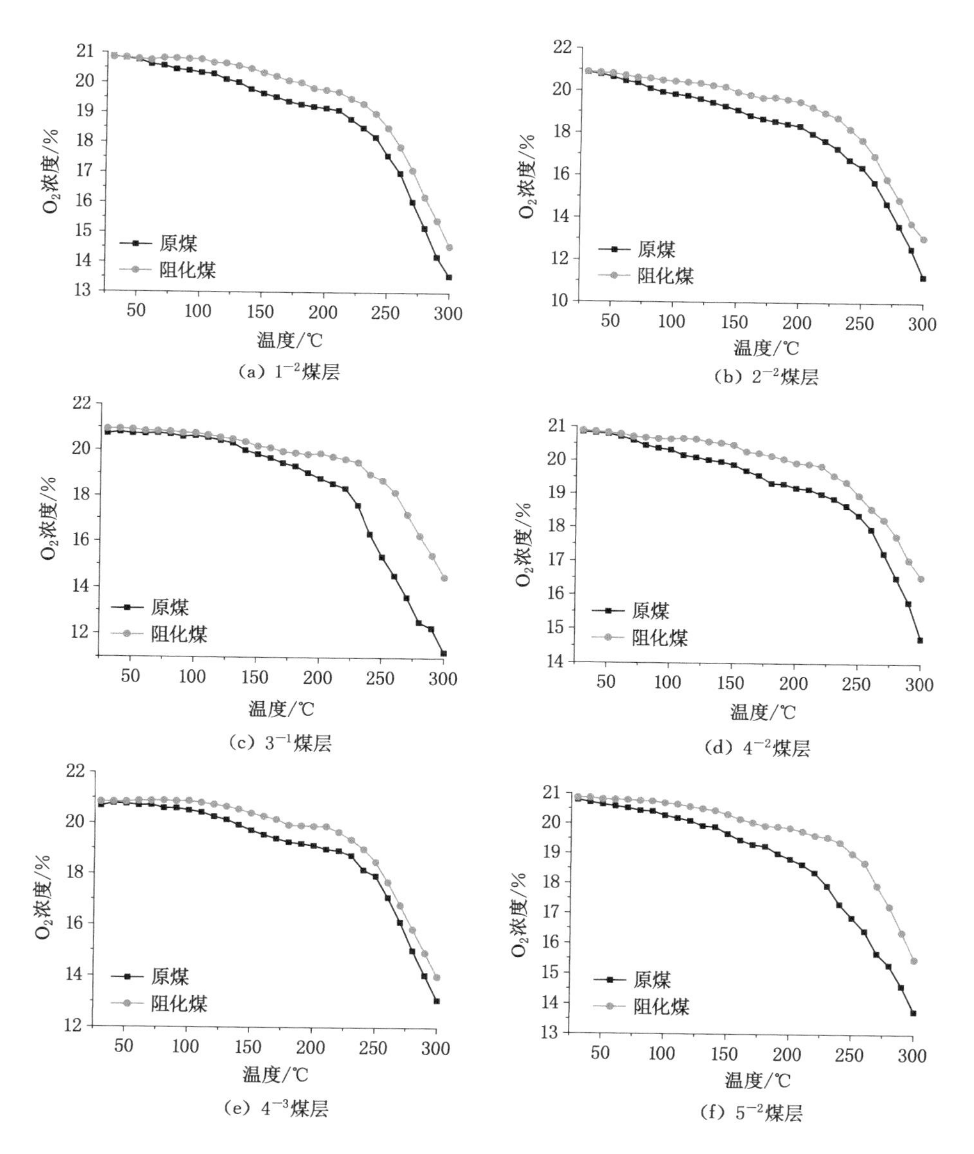

(a) 1^{-2}煤层 (b) 2^{-2}煤层

(c) 3^{-1}煤层 (d) 4^{-2}煤层

(e) 4^{-3}煤层 (f) 5^{-2}煤层

图 5.7 不同煤层原煤及阻化煤氧化升温过程中氧气浓度随温度变化曲线

煤氧化反应过程中,氧气分子通过气流边界层,扩散进入煤粒内部孔隙中吸附的同时发生氧化反应,并且氧化生成的气体沿着孔隙释放排出。由图 5.7 可知,陕北侏罗纪不同煤层的原煤及阻化煤在氧化升温过程中氧气浓度逐渐下降,说明在整个煤自燃过程中氧气始终参与化学反应。在水分蒸发及气体脱附与缓慢氧化阶段,氧气浓度下降平缓,表明该阶段氧气需求较低。随着煤温度升高,氧气浓度快速下降,说明活性官能团种类和数量开始大量增加,不断消耗氧气致使氧气浓度下降。阻化煤在氧化升温过程中各阶段的氧气浓度均高于原煤的,可以看出阻化剂阻碍了煤的氧化反应,造成氧气消耗量减小。为体现陕北侏罗纪不同煤层煤经阻化后各温度点氧气浓度变化情况,对原煤与阻化煤氧化升温过程中氧气浓度差值进行计算,结果如表 5.2 所列,差值随温度变化曲线如图 5.8 所示。

表 5.2　不同煤层原煤与阻化煤氧化升温过程中氧气浓度差值

温度/℃	氧气浓度差值/10^{-6}					
	1^{-2}煤层	2^{-2}煤层	3^{-1}煤层	4^{-2}煤层	4^{-3}煤层	5^{-2}煤层
30	0.02	0.02	0.21	0.04	0.16	0.07
40	0.02	0.08	0.14	0.04	0.06	0.15
50	0.03	0.17	0.19	0.04	0.08	0.17
60	0.14	0.26	0.12	0.08	0.18	0.22
70	0.26	0.25	0.10	0.11	0.16	0.27
80	0.37	0.49	0.12	0.23	0.30	0.33
90	0.39	0.57	0.17	0.28	0.28	0.34
100	0.45	0.62	0.12	0.32	0.37	0.42
110	0.38	0.65	0.12	0.50	0.38	0.47
120	0.54	0.75	0.14	0.54	0.48	0.48
130	0.55	0.82	0.18	0.54	0.52	0.58
140	0.69	0.93	0.37	0.56	0.62	0.55
150	0.69	0.86	0.35	0.59	0.68	0.65
160	0.70	0.98	0.44	0.57	0.73	0.70
170	0.70	1.00	0.50	0.67	0.76	0.74
180	0.74	1.14	0.57	0.83	0.67	0.68
190	0.62	1.16	0.80	0.76	0.71	0.91

表 5.2(续)

温度/℃	氧气浓度差值/10^{-6}					
	1^{-2}煤层	2^{-2}煤层	3^{-1}煤层	4^{-2}煤层	4^{-3}煤层	5^{-2}煤层
200	0.61	1.15	1.09	0.76	0.76	1.04
210	0.62	1.26	1.18	0.77	0.90	1.11
220	0.69	1.32	1.28	0.85	0.74	1.24
230	0.81	1.45	1.89	0.70	0.63	1.62
240	0.79	1.45	2.62	0.71	0.82	2.06
250	0.92	1.29	3.34	0.59	0.55	2.14
260	0.87	1.24	3.62	0.60	0.60	2.27
270	1.05	1.17	3.60	0.99	0.67	2.25
280	1.04	1.25	3.74	1.23	0.83	1.95
290	1.21	1.22	3.16	1.26	0.87	1.77
300	1.00	1.85	3.25	1.80	0.92	1.73

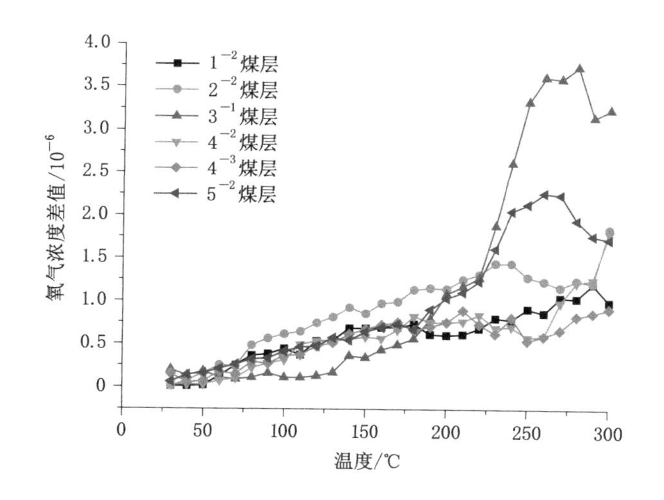

图 5.8　不同煤层原煤与阻化煤氧化升温过程中氧气浓度差值随温度变化曲线

从表 5.2 与图 5.8 中氧气的浓度差值可以看出，阻化剂对陕北侏罗纪不同煤层的煤在氧化升温过程中表现出很好的抑制作用。由于初期煤氧反应体系温度较低，能够参与氧化反应的活性官能团种类与数量都较少，因此多数的活性基团没有被激活，对氧气的消耗较少，阻化剂阻断链式反应的数量也较少，致使氧气浓度差值较低。随着煤温度升高，煤结构中含有—CH_3/—CH_2的脂肪烃的峰值在不断消耗下降，在煤氧化过程中容易受到氧分子攻击发生反应，其他学者[204-205]也证实含有—CH_3/—CH_2的脂肪烃以及芳香环上的烷基侧链和桥键是煤结构中主要的活性位点。由第四章研究结果可知，6 个煤层在波数 2 935～2 918 cm^{-1} 范围内环烷或脂肪族中—CH_3/—CH_2 以及在波数 2 858～2 847 cm^{-1}范围内—CH_2的吸光度，都表现出不断下降趋势。因此，阻化剂可能先抑制容易发生链式反应的基团，随着煤氧化升温进入加速氧化与快速氧化阶段，各类型基团的基数增大，阻化剂对活性官能团抑制的类型更广、数量更多，从而体现出阻化效果也越好。

二、耗氧速率

煤氧化过程会消耗空气中的氧气，产生 CO、CO_2等气体，其中氧气的消耗速率即耗氧速率可以反映煤氧化升温过程中的剧烈程度。本小节根据煤氧化反应器进、出口处的气体浓度和流量，来计算煤不同温度下的耗氧速率，具体计算公式见式(5.1)。

$$R_{O_2} = \frac{V_{in}c_{in} - V_{out}c_{out}}{22.4m_{coal}} \tag{5.1}$$

式中 R_{O_2}——耗氧速率，mol/(g·min)；

V_{in}——煤氧化反应器进口流量，L/min；

c_{in}——煤氧化反应器进口氧气浓度；

V_{out}——煤氧化反应器出口流量，L/min；

c_{out}——煤氧化反应器出口氧气浓度；

m_{coal}——煤氧化反应器装煤质量，g。

通过对煤氧化反应器进、出口气体流量监测，发现进口与出口气体流量相近，因此对式(5.1)改进，见式(5.2)。

$$R_{O_2} = \frac{V\Delta c}{22.4m_{coal}} \tag{5.2}$$

式中 V——煤氧化反应器进(出)口气体流量，L/min；

Δc——煤氧化反应器进、出口氧气浓度差值。

通过计算，得到陕北侏罗纪不同煤层原煤及阻化煤从常温升至 300 ℃的耗氧速率随温度的变化曲线，如图 5.9 所示。

由图 5.9 实验结果可知，陕北侏罗纪不同煤层原煤及阻化煤在氧化升温过程中耗氧速率逐渐增大，说明在整个煤自燃过程中煤氧复合反应变得越来越剧

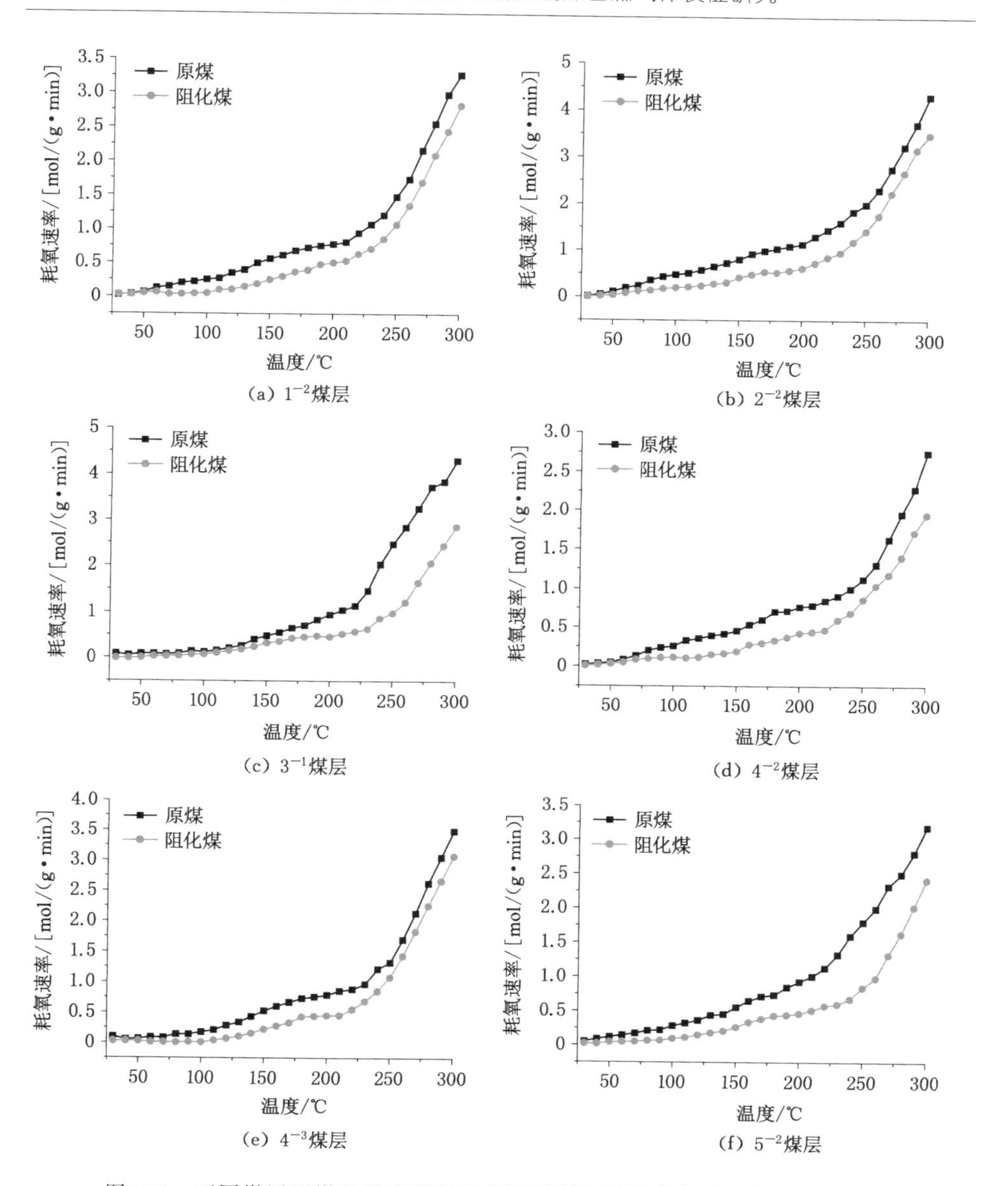

图 5.9　不同煤层原煤及阻化煤氧化升温过程中耗氧速率随温度变化曲线

烈。在水分蒸发及气体脱附与缓慢氧化阶段，耗氧速率增长缓慢，一方面由于活性官能团在温度较低时被活化的类型及数量较少，致使煤氧反应剧烈程度较低，另一方面由于煤孔隙结构吸附氧气的存在，导致对空气中氧气的消耗量减小，此阶段综合表现出的现象为耗氧速率较小。当煤氧化反应进展至加速氧化与快速氧化阶段，耗氧速率得到很大提升，未活化的基团参与氧化反应，这些基团种类广泛、数量较大，致使煤氧复合反应逐步转为剧烈反应，耗氧速率曲线呈现指数增长的趋势。

为体现陕北侏罗纪不同煤层煤经阻化后各温度点耗氧速率的变化情况，对原煤与阻化煤氧化升温过程中耗氧速率差值进行计算，结果如表 5.3 所列，差值随温度变化曲线如图 5.10 所示。

表 5.3　不同煤层原煤与阻化煤氧化升温过程中耗氧速率差值

温度/℃	耗氧速率差值/[mol/(g·min)]					
	1⁻²煤层	2⁻²煤层	3⁻¹煤层	4⁻²煤层	4⁻³煤层	5⁻²煤层
30	0.01	0.01	0.09	0.02	0.07	0.03
40	0.01	0.04	0.06	0.02	0.03	0.07
50	0.01	0.08	0.08	0.02	0.04	0.08
60	0.06	0.12	0.05	0.04	0.08	0.10
70	0.12	0.11	0.04	0.05	0.07	0.12
80	0.17	0.22	0.05	0.10	0.13	0.15
90	0.17	0.25	0.08	0.13	0.13	0.15
100	0.20	0.28	0.05	0.14	0.17	0.19
110	0.17	0.29	0.05	0.22	0.17	0.21
120	0.24	0.33	0.06	0.24	0.21	0.21
130	0.25	0.37	0.08	0.24	0.23	0.26
140	0.31	0.42	0.17	0.25	0.28	0.25
150	0.31	0.38	0.16	0.26	0.30	0.29
160	0.31	0.44	0.20	0.25	0.33	0.31
170	0.31	0.45	0.22	0.30	0.34	0.33
180	0.33	0.51	0.25	0.37	0.30	0.30
190	0.28	0.52	0.36	0.34	0.32	0.41
200	0.27	0.51	0.49	0.34	0.34	0.46
210	0.28	0.56	0.53	0.34	0.40	0.50
220	0.31	0.59	0.57	0.38	0.33	0.55
230	0.36	0.65	0.84	0.31	0.28	0.72

表 5.3(续)

温度/℃	耗氧速率差值/[mol/(g·min)]					
	1^{-2}煤层	2^{-2}煤层	3^{-1}煤层	4^{-2}煤层	4^{-3}煤层	5^{-2}煤层
240	0.35	0.65	1.17	0.32	0.37	0.92
250	0.41	0.58	1.49	0.26	0.25	0.96
260	0.39	0.55	1.62	0.27	0.27	1.01
270	0.47	0.52	1.61	0.44	0.30	1.00
280	0.46	0.56	1.67	0.55	0.37	0.87
290	0.54	0.54	1.41	0.56	0.39	0.79
300	0.45	0.83	1.45	0.80	0.41	0.77

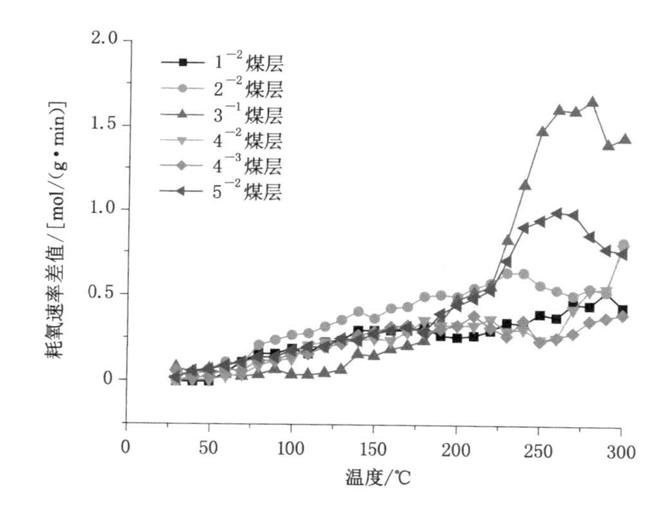

图 5.10　不同煤层原煤与阻化煤氧化升温过程中耗氧速率差值随温度变化曲线

耗氧速率可反映煤氧化升温过程中的剧烈程度，体现了煤氧复合反应实质。从表 5.3 与图 5.10 中可以看出，阻化剂对陕北侏罗纪不同煤层煤在氧化升温过程中耗氧速率的影响表现出很好的抑制作用。在水分蒸发及气体脱附与缓慢氧化阶段，阻化剂对耗氧速率的抑制作用缓慢增强。随着煤氧复合反应进入加速氧化与快速氧化阶段，阻化剂对耗氧速率的抑制程度保持在一个较高水平。由耗氧速率可知，煤氧复合作用在温度较低时活性官能团的数量及类型较少，煤氧反应剧烈程度较低，随着温度升高大量未活化的官能团参与氧化反应，致使煤氧复合反应逐步转为剧烈反应。而阻化煤在氧化历程中不断捕获自由基，阻碍煤中自由基的链式反应:水分蒸发及气体脱附与缓慢氧化阶段活性官能团量少,阻碍效果也较小;加速氧化与快速氧化阶段链式反应多且复杂,阻碍链式反应的活性官能团种类与基数增加,从而降低了煤耗氧速率,即抑制了煤氧复合作用的剧烈程度。

第三节　碳氧气体释放规律

一、CO 气体

煤分子中活性结构会与氧气发生复合反应,生成的气体氧化产物主要包括 CO 与 CO_2 气体。其中 CO 气体在煤氧化产物中出现最早且贯穿整个自燃过程,长期以来被作为灵敏标志性气体来预测煤自然发火。陕北侏罗纪不同煤层原煤及阻化煤从常温升至 300 ℃的氧化过程中,CO 气体释放量随温度的变化曲线如图 5.11 所示。

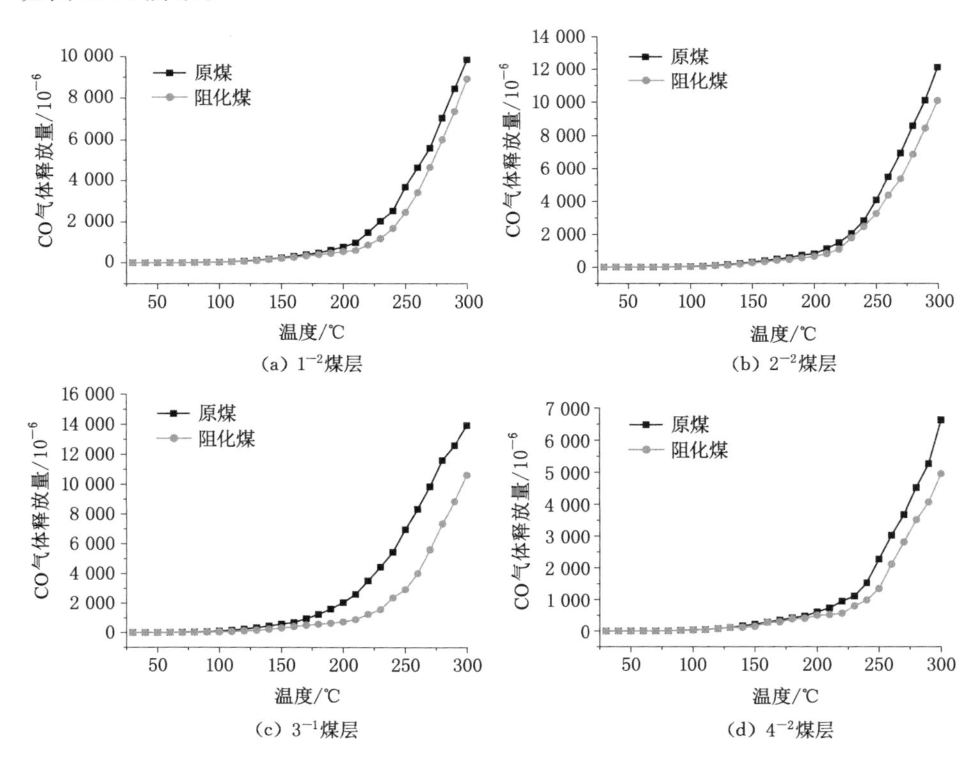

图 5.11　不同煤层原煤及阻化煤氧化升温过程中 CO 气体释放量随温度变化曲线

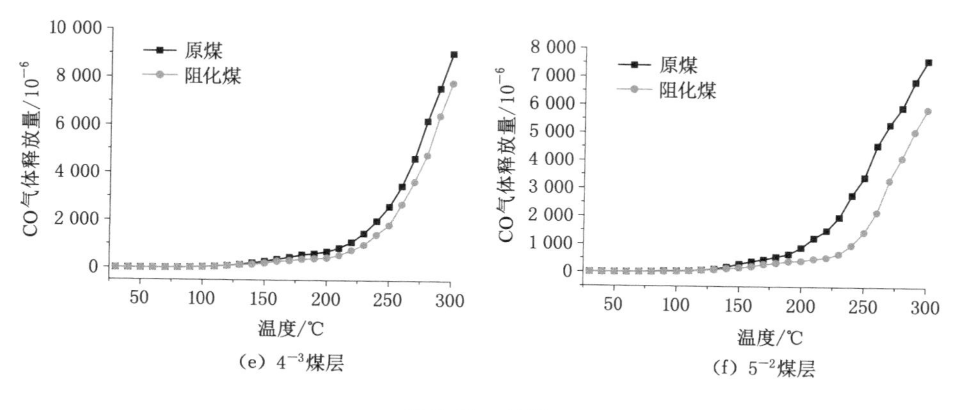

(e) 4^{-3}煤层　　(f) 5^{-2}煤层

图 5.11 （续）

由图 5.11 实验结果可知，陕北侏罗纪不同煤层原煤及阻化煤在氧化升温过程中 CO 气体释放量都表现出先缓慢释放，随后呈指数增长趋势迅速释放。Y. L. Zhang 等[206]认为煤氧化升温过程中的 CO 与 CO_2 气体的释放量主要来源两部分：① 煤大分子结构自身热分解断裂产生；② 煤结构中活性部位受到氧分子攻击，发生化学反应生成。在氧气与煤分子结构结合时，氧分子首先与煤中孔隙结构内活性位点形成化学吸附，形成不稳定的碳氧络合物，不稳定的络合物受热分解为 CO 与 CO_2 气体以及稳定的含氧官能团，包括—OH、C ═O 以及—COOH 等，稳定的含氧基团高温分解生成 CO 与 CO_2 气体以及活性官能团[25]。分析图 5.11 中 CO 气体释放量曲线特征，在煤氧复合反应低温阶段，氧气只攻破一些活性较低的部位，CO 气体释放量较小，随着温度逐渐升高，煤结构中产生更多的活性位点，CO 气体释放量开始增大。在 200 ℃后，煤与氧气反应剧烈，导致生成大量 CO 气体并呈指数增长趋势释放。

为体现陕北侏罗纪不同煤层煤经阻化后各温度点 CO 气体释放量变化情况，对原煤与阻化煤氧化升温过程中 CO 气体释放量差值进行计算，结果如表 5.4 所列，差值随温度变化曲线如图 5.12 所示。

表 5.4　不同煤层原煤与阻化煤氧化升温过程中 CO 气体释放量差值

温度/℃	CO 气体释放量差值/10^{-6}					
	1^{-2}煤层	2^{-2}煤层	3^{-1}煤层	4^{-2}煤层	4^{-3}煤层	5^{-2}煤层
30	0.5	6.3	1.2	2.7	4.5	6.2
40	0.8	5.0	4.6	2.3	2.9	6.0

表 5.4(续)

温度/℃	CO气体释放量差值/10^{-6}					
	1^{-2}煤层	2^{-2}煤层	3^{-1}煤层	4^{-2}煤层	4^{-3}煤层	5^{-2}煤层
50	1.5	3.3	4.0	3.2	1.6	6.5
60	1.5	2.0	6.5	3.3	3.5	6.6
70	1.4	1.2	17.7	2.8	3.9	5.9
80	2.7	6.8	19.6	0.6	4.1	6.8
90	11.4	4.1	38.8	3.0	6.1	20.8
100	11.4	14.6	64.8	7.4	3.0	11.9
110	7.9	32.2	99.0	3.5	14.7	8.5
120	20.9	26.5	139.6	4.3	9.2	10.0
130	31.9	56.3	179.8	0.8	14.8	23.3
140	25.3	54.9	223.8	50.1	61.6	64.5
150	37.0	63.1	271.7	71.5	83.5	132.8
160	62.3	75.3	286.5	10.3	82.4	186.0
170	80.4	97.9	453.8	63.6	141.4	172.0
180	91.1	114.4	665.9	36.5	192.6	222.6
190	159.5	186.2	960.7	79.1	206.6	254.3
200	231.0	163.8	1 309.4	111.4	263.7	476.5
210	380.2	311.0	1 706.6	217.1	301.1	738.1
220	603.7	405.0	2 262.0	381.1	340.2	966.5
230	846.0	275.0	2 865.0	310.0	484.7	1 315.0
240	846.0	371.0	3 068.0	538.7	579.0	1 795.7
250	1 217.0	828.0	4 032.0	928.0	782.0	1 968.0
260	1 217.0	1 132.0	4 325.0	913.0	763.0	2 399.0
270	950.0	1 558.0	4 223.0	859.0	986.0	2 007.0
280	1 019.0	1 684.0	4 237.0	1 000.0	1 433.0	1 809.0
290	1 091.0	1 676.0	3 737.0	1 198.0	1 153.0	1 794.0
300	941.0	2 050.0	3 320.0	1 669.0	1 236.0	1 741.0

煤自燃过程中CO气体从微量释放直至大量产生，很好地诠释了煤氧化历程，因此很多国家都将CO气体作为煤自然发火指标气体。从表5.4与图5.12

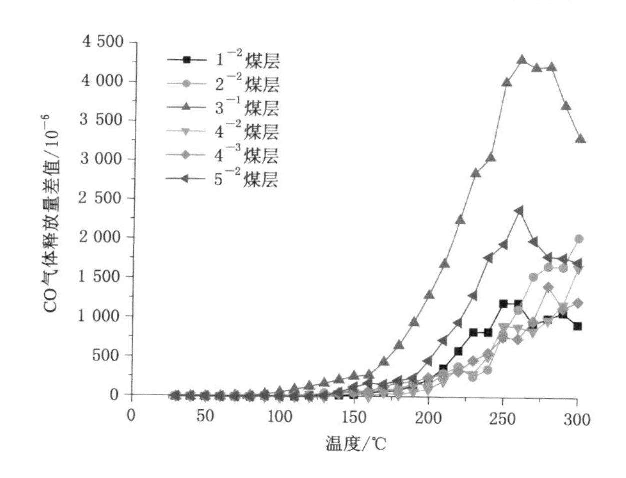

图 5.12　不同煤层原煤与阻化煤氧化升温过程中 CO 气体释放量差值随温度变化曲线

中可以看出,阻化剂很好地抑制了陕北侏罗纪不同煤层煤在氧化升温过程中 CO 气体的释放。在水分蒸发及气体脱附与缓慢氧化阶段,CO 气体抑制量缓慢增大,随着煤氧复合反应进入加速氧化与快速氧化阶段,CO 气体抑制量开始进一步增大。这说明阻化剂在煤氧化过程中不断发挥着捕获自由基的能力,初期煤结构中活性官能团种类及数量稀少,导致从链式反应生成的不稳定碳氧络合物所分解产生的 CO 气体减少,表现出前期对 CO 气体的抑制趋势平缓。随着温度升高,煤结构中活性位点逐渐增多,煤结构与氧气的化学链式反应程度转为剧烈,此时阻化剂不断捕获活跃的自由基,形成稳定的结构,表现出高温阶段阻化剂优越的捕获自由基性能,且对 CO 气体的抑制程度保持较高水平。

二、CO_2气体

煤分子中活性结构与氧气发生复合反应生成碳氧化物的另外一种形式为 CO_2气体。在煤氧化过程中,CO_2气体经常被当作辅助性气体来研究煤氧复合反应的程度。陕北侏罗纪不同煤层原煤及阻化煤氧化升温过程中 CO_2气体释放量随温度的变化曲线如图 5.13 所示。

研究发现构成 CO_2气体释放的来源主要包括:① 原煤结构中吸附的 CO_2气体,相同条件下 CO_2气体吸附能力大于其他气体吸附能力[207];② 煤结构中活性官能团发生煤氧复合反应生成 CO_2气体。由于实验采用 200 目的煤粉作为研究对象,煤的孔隙结构被破坏,可忽略吸附 CO_2气体对煤自燃过程的影响,主要为活性官能团氧化反应生成 CO_2气体。由图 5.13 实验结果可知,陕北侏罗纪不同

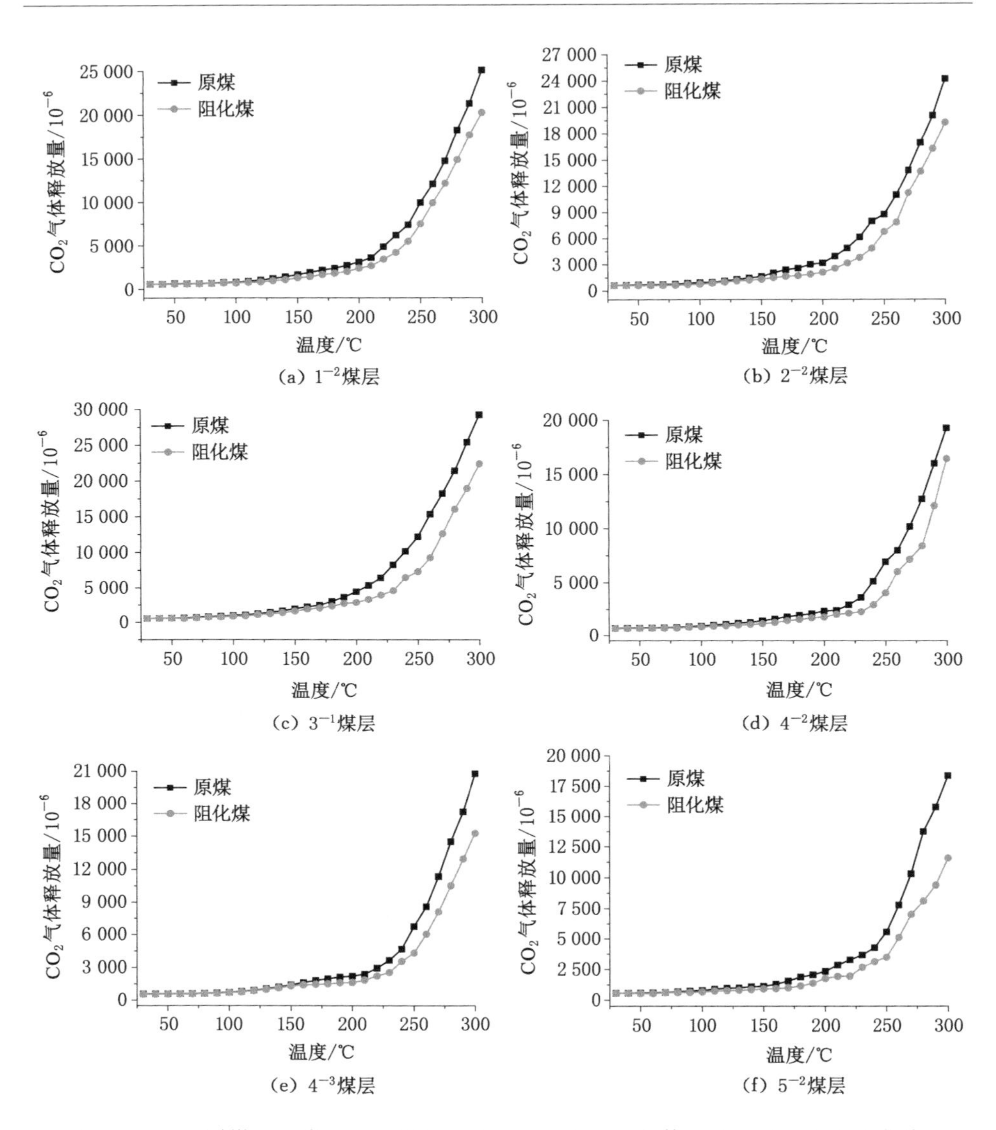

图 5.13　不同煤层原煤及阻化煤氧化升温过程中 CO_2 气体释放量随温度变化曲线

煤层原煤及阻化煤在氧化升温过程中 CO_2 气体在 150 ℃前缓慢释放，150 ℃后开始呈指数增长趋势迅速释放。在实验初始温度就检测到 CO_2 气体，且释放量都在 5×10^{-4} 以上，是 CO 气体释放量的几百倍。这说明煤氧复合反应初期，空气中氧气充足，煤与氧分子发生完全反应生成 CO_2 气体，因此初期 CO_2 气体释放量大于 CO 气体释放量。与 CO 气体的生成机理相似，在水分蒸发及气体脱附与缓慢氧化阶段，煤中活性官能团受氧分子攻击缓慢氧化生成 CO_2 气体，其他活性官能团经氧化反应生成煤氧络合物，随着温度升高，在加速氧化与快速氧化阶段，煤氧复合反应逐渐转为剧烈反应，氧化分解生成大量 CO_2 气体并释放。

为体现陕北侏罗纪不同煤层煤经阻化后各温度点 CO_2 气体释放量变化情况，对原煤与阻化煤氧化升温过程中 CO_2 气体释放量差值进行计算，结果如表 5.5 所列，差值随温度变化曲线如图 5.14 所示。

表 5.5　不同煤层原煤与阻化煤氧化升温过程中 CO_2 气体释放量差值

温度/℃	CO_2 气体释放量差值/10^{-6}					
	1^{-2}煤层	2^{-2}煤层	3^{-1}煤层	4^{-2}煤层	4^{-3}煤层	5^{-2}煤层
30	2.4	28.9	10.6	34.3	35.9	22.5
40	8.1	40.9	21.9	41.5	41.7	14.6
50	68.5	88.2	30.4	43.5	24.2	60.9
60	36.2	97.6	88.1	37.5	21.9	70.7
70	31.6	101.2	90.3	57.4	37.2	26.1
80	19.4	131.8	103.4	78.4	23.3	79.1
90	74.9	160.9	126.4	89.6	46.0	120.5
100	91.6	188.5	136.4	105.1	26.9	130.8
110	124.0	95.7	167.0	120.4	51.5	161.2
120	228.0	140.6	181.0	173.6	40.0	208.9
130	253.0	186.0	235.0	210.0	73.1	206.0
140	354.0	270.0	297.0	224.0	93.0	241.6
150	364.0	324.0	355.0	297.0	107.0	225.0
160	501.0	550.0	367.0	360.0	216.0	357.0
170	525.0	758.0	424.0	397.0	355.0	558.0
180	587.0	863.0	689.0	416.0	483.0	723.0
190	723.0	1 120.0	937.0	410.0	530.0	677.0
200	730.0	1 086.0	1 548.0	587.0	599.0	588.0
210	933.0	1 389.0	1 992.0	395.0	549.0	920.0
220	1 442.0	1 716.0	2 434.0	788.0	716.0	1 327.0
230	1 996.0	2 358.0	3 622.0	1 330.0	1 105.0	1 010.0

表 5.5(续)

温度/℃	CO_2气体释放量差值/10^{-6}					
	1^{-2}煤层	2^{-2}煤层	3^{-1}煤层	4^{-2}煤层	4^{-3}煤层	5^{-2}煤层
240	1 908.0	3 127.0	3 681.0	2 169.0	1 108.0	1 153.0
250	2 449.0	1 992.0	4 891.0	2 880.0	2 449.0	2 092.0
260	2 160.0	3 130.0	6 131.0	1 982.0	2 543.0	2 659.0
270	2 590.0	2 560.0	5 620.0	3 045.0	3 211.0	3 254.0
280	3 370.0	3 290.0	5 380.0	4 335.0	3 970.0	5 648.0
290	3 600.0	3 760.0	6 470.0	3 902.0	4 340.0	6 394.0
300	4 840.0	4 960.0	6 840.0	2 820.0	5 530.0	6 810.0

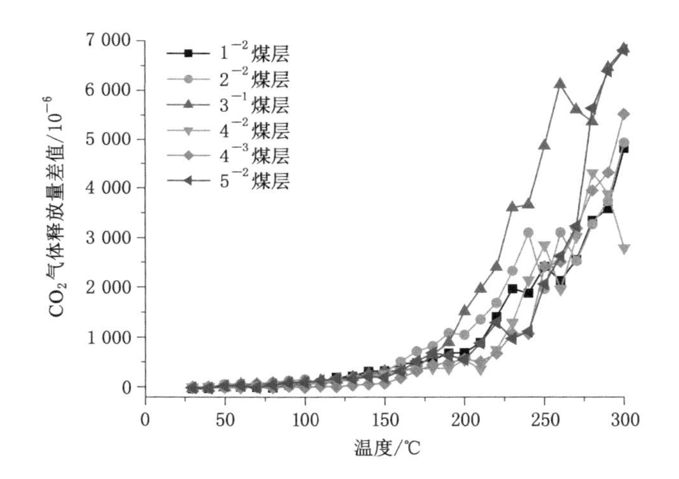

图 5.14　不同煤层原煤与阻化煤氧化升温过程中 CO_2气体释放量差值随温度变化曲线

在氧化升温过程中，原煤与阻化煤 CO_2气体释放量差值可反映出阻化剂对煤样释放 CO_2气体的影响，差值越大，即 CO_2气体抑制量越大，表示阻化效果越好。由表 5.5 与图 5.14 可知，在煤氧化升温过程中 CO_2气体抑制量的变化规律与 CO 气体抑制量的相似，在水分蒸发及气体脱附与缓慢氧化阶段，CO_2气体抑制量缓慢增大，在加速氧化与快速氧化阶段，CO_2气体抑制量进一步增大，呈现出非线性特征。而 CO_2气体抑制量远大于 CO 气体抑制量，说明空气中氧气充足，煤与氧分子完全反应，产生的碳氧化物主要为 CO_2气体。这说明阻化剂在煤氧化过程中捕获自由基，阻断活性官能团氧化生成 CO_2的链式反应相对较多。

阻化剂对 CO_2 气体的抑制机理与对 CO 气体的相似，均为反应前期煤结构中活性官能团类型及数量稀少，随着温度升高，煤结构中活性位点逐步增多，阻化剂捕获自由基由少转多。

第四节 碳氢气体释放规律

一、C_2H_4 气体

煤氧化过程中，煤温升至较高温度时，气体产物可检测到 C_2H_4 与 C_2H_6 等碳氢气体。陕北侏罗纪不同煤层原煤及阻化煤从常温升至 300 ℃的氧化过程中，C_2H_4 气体释放量随温度的变化曲线如图 5.15 所示。

由图 5.15 实验结果可知，陕北侏罗纪不同煤层原煤及阻化煤氧化升温至 100～140 ℃时检测到 C_2H_4 气体。这说明 C_2H_4 气体是煤氧化高温反应产物，非吸附在煤孔隙中的气体。因此，C_2H_4 气体常被当作表示煤氧化进入中期状态的

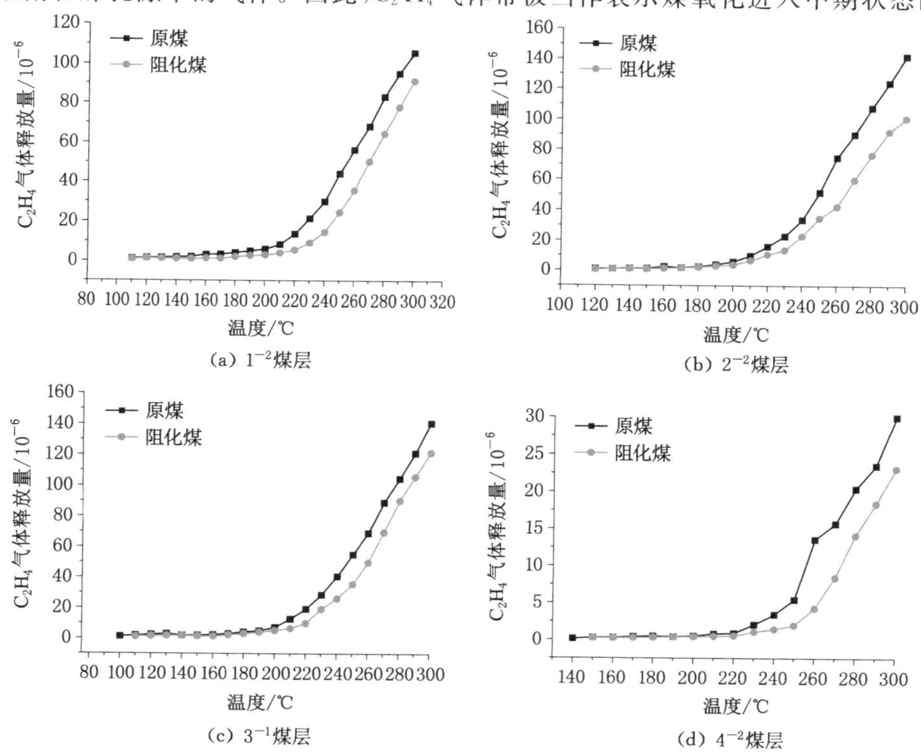

图 5.15 不同煤层原煤及阻化煤氧化升温过程中 C_2H_4 气体释放量随温度变化曲线

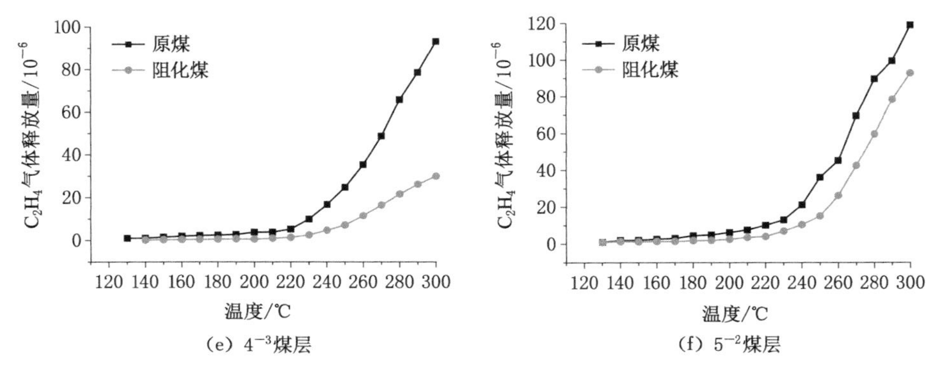

(e) 4^{-3}煤层　　(f) 5^{-2}煤层

图 5.15 (续)

一种理想指标气体，而且 C_2H_4气体释放量明显小于碳氧气体的释放量，表明该气体只有达到特定情况才会反应生成。H. T. Su 等[208]对煤氧化过程中氧气释放量与 C_2H_4气体的生成速率进行分析，发现 C_2H_4气体的释放量随着氧气浓度的升高而增大，认为氧气是煤生成 C_2H_4气体的关键参与物。也有学者[209]研究认为 C_2H_4 气体主要是煤中烷基侧链与小分子烷烃热解与氧化产生的。袁绍[210]发现煤热解需要较高温度，100 ℃温度不能满足反应条件。基于上述学者的实验结论，采用高斯软件计算提出煤氧化过程中 C_2H_4气体不是热解机理反应通道生成的，而是煤氧化中间产物分解产生的，氧气是该反应路径中的必备反应物。该机理很好地诠释了陕北侏罗纪煤在 100～140 ℃时生成 C_2H_4气体的原因。在 200 ℃后，C_2H_4气体释放量迅速增大，可能是由于该阶段煤氧复合反应剧烈，致使煤氧化中间产物分解速度加快，并且煤分子结构中烷基侧链等发生自由基断裂生成 C_2H_4气体。

为体现陕北侏罗纪不同煤层煤经阻化后各温度点 C_2H_4气体释放量变化情况，对原煤与阻化煤氧化升温过程中 C_2H_4气体释放量差值进行计算，结果如表 5.6 所列，差值随温度变化曲线如图 5.16 所示。

表 5.6　不同煤层原煤与阻化煤氧化升温过程中 C_2H_4气体释放量差值

温度/℃	C_2H_4气体释放量差值/10^{-6}					
	1^{-2}煤层	2^{-2}煤层	3^{-1}煤层	4^{-2}煤层	4^{-3}煤层	5^{-2}煤层
100	0.0	0.0	1.1	0.0	0.0	0.0
110	0.3	0.0	0.8	0.3	0.0	0.0

表 5.6(续)

温度/℃	C_2H_4气体释放量差值/10^{-6}					
	1^{-2}煤层	2^{-2}煤层	3^{-1}煤层	4^{-2}煤层	4^{-3}煤层	5^{-2}煤层
120	0.3	0.5	1.0	0.3	0.0	0.0
130	0.5	0.1	1.3	0.5	1.0	0.1
140	0.9	0.3	0.3	0.9	0.9	0.7
150	1.2	0.4	0.6	1.2	1.3	0.9
160	2.0	1.3	1.0	2.0	1.6	1.3
170	2.2	0.1	0.9	2.2	1.8	1.8
180	2.2	0.4	1.2	2.2	1.9	2.6
190	2.4	1.0	1.0	2.4	2.1	3.0
200	3.0	2.1	2.0	3.0	3.3	3.7
210	4.4	3.3	6.1	4.4	2.9	4.0
220	8.1	5.4	9.3	8.1	3.9	6.0
230	12.3	9.4	9.4	12.3	7.4	6.0
240	15.3	10.8	14.5	15.3	12.0	10.7
250	19.4	16.8	19.5	19.4	17.6	21.0
260	20.8	32.2	19.2	20.8	23.8	18.9
270	17.9	30.2	19.4	17.9	32.3	27.0
280	18.6	31.5	14.5	18.6	44.2	30.0
290	17.0	32.1	15.4	17.0	52.4	21.0
300	14.6	41.0	19.1	14.6	63.2	26.0

从表 5.6 与图 5.16 中可以看出阻化剂抑制陕北侏罗纪不同煤层煤样在氧化升温过程中 C_2H_4气体释放量的规律。从整体上看，初始阶段呈现缓慢抑制趋势，并且 C_2H_4气体开始释放时的温度出现滞后，其中 4^{-3}煤层与 5^{-2}煤层煤的滞后最明显，在 130 ℃时开始释放 C_2H_4气体，随着煤氧化温度升高，抑制作用逐渐增强，保持较高水平。

对比陕北侏罗纪不同煤层煤样的 C_2H_4气体抑制量可以得出，虽然不同煤层结构的差异性会造成抑制煤氧化生成 C_2H_4气体的程度各异，但整体均呈现出阻化剂在高温阶段能够持续捕获自由基，从而抑制煤与氧气反应生成煤氧化中间

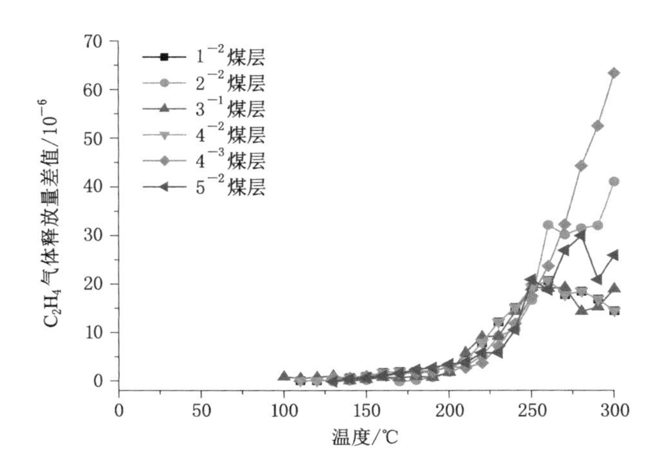

图 5.16 不同煤层原煤与阻化煤氧化升温过程中 C_2H_4气体释放量差值随温度变化曲线

产物以及中间产物进一步分解生成 C_2H_4气体，综合表现出阻化剂对高温阶段的气体生成也具有显著的阻化效果。

二、C_2H_6气体

对陕北侏罗纪不同煤层原煤及阻化煤从常温升至 300 ℃的氧化过程中生成的另外一种碳氢气体 C_2H_6 进行分析，其释放量随温度的变化曲线如图 5.17 所示。

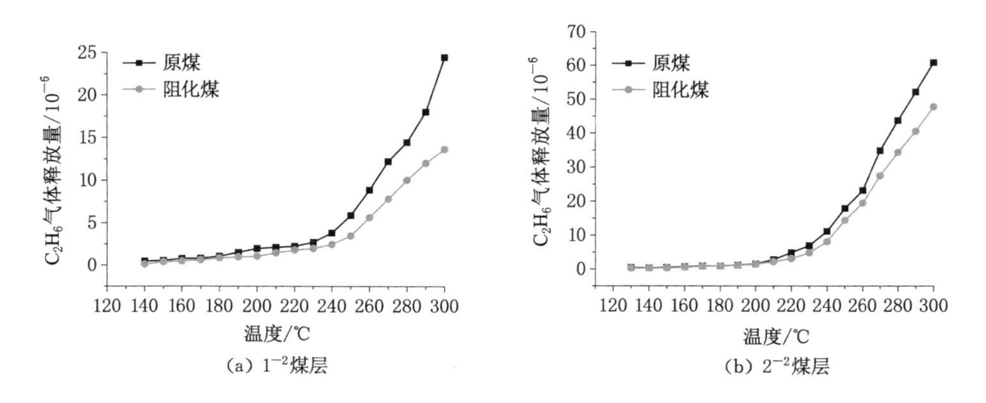

图 5.17 不同煤层原煤及阻化煤氧化升温过程中 C_2H_6气体释放量随温度变化曲线

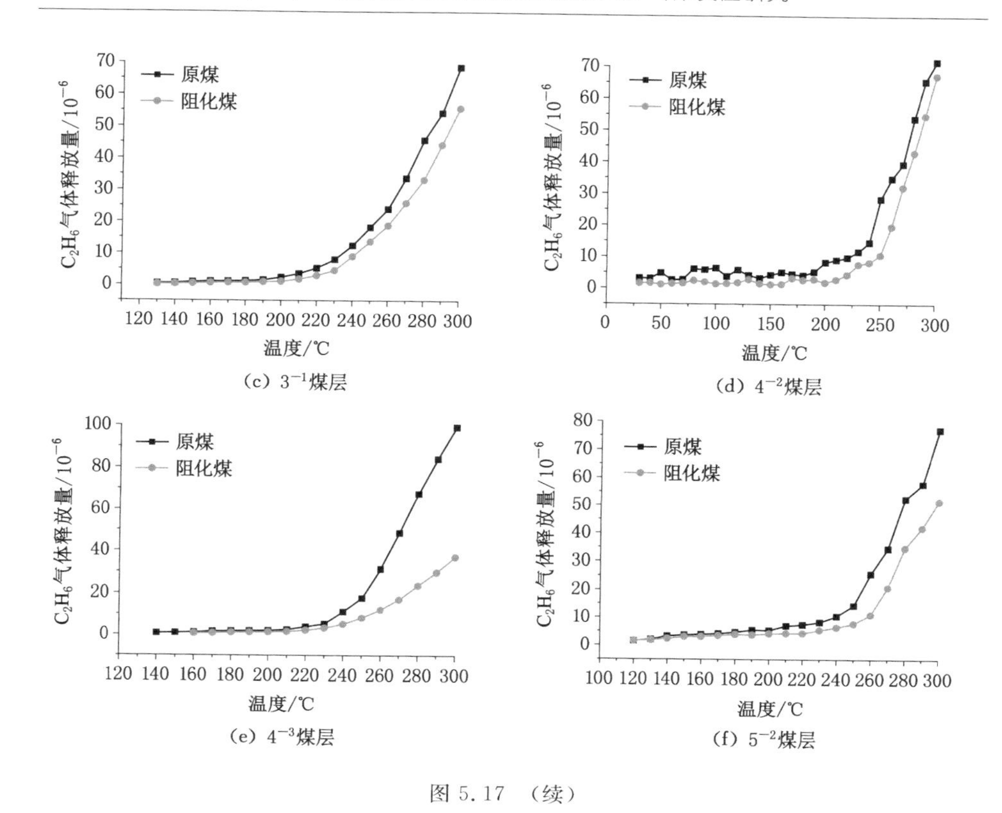

图 5.17　(续)

由图 5.17 实验结果可知,4^{-2}煤层煤在常温时就可检测到微量的 C_2H_6 气体,其他煤层煤在氧化升温至 120～140 ℃之间时才检测到 C_2H_6 气体,说明 C_2H_6 气体来源主要分为常温下煤孔隙中赋存,以及高温阶段氧化反应产生。高温阶段 C_2H_6 气体的产生机理与 C_2H_4 气体的相似,在释放的初始阶段,煤中活跃的基团氧化生成中间产物,该产物受热分解生成 C_2H_4 气体与 C_2H_6 气体。在快速氧化阶段,C_2H_6 气体释放量急速增大,呈指数式增长趋势,由前面碳氧气体的释放规律可知,该阶段煤氧复合反应十分剧烈,致使煤与活跃的基团反应生成的煤氧化中间产物大量分解释放 C_2H_4 气体与 C_2H_6 气体,同时在高温阶段伴随着煤热解反应,煤分子结构中烷基侧链等发生裂解生成 C_2H_6 气体。

为体现陕北侏罗纪不同煤层煤经阻化后各温度点 C_2H_6 气体释放量变化情况,对原煤与阻化煤氧化升温过程中 C_2H_6 气体释放量差值进行计算,结果如表 5.7 所列,差值随温度变化曲线如图 5.18 所示。

表 5.7 不同煤层原煤与阻化煤氧化升温过程中 C_2H_6 气体释放量差值

温度/℃	C_2H_6气体释放量差值/10^{-6}					
	1^{-2}煤层	2^{-2}煤层	3^{-1}煤层	4^{-2}煤层	4^{-3}煤层	5^{-2}煤层
30	0.0	0.0	0.0	1.6	0.0	0.0
40	0.0	0.0	0.0	1.4	0.0	0.0
50	0.0	0.0	0.0	3.7	0.0	0.0
60	0.0	0.0	0.0	1.2	0.0	0.0
70	0.0	0.0	0.0	1.2	0.0	0.0
80	0.0	0.0	0.0	3.7	0.0	0.0
90	0.0	0.0	0.0	3.9	0.0	0.0
100	0.0	0.0	0.0	5.0	0.0	0.0
110	0.0	0.0	0.0	2.3	0.0	0.0
120	0.0	0.0	0.0	4.1	0.0	0.1
130	0.0	0.2	0.3	1.4	0.0	0.2
140	0.4	0.0	0.3	1.7	0.6	0.9
150	0.2	0.2	0.5	3.0	0.8	0.6
160	0.3	0.2	0.5	3.8	0.5	0.8
170	0.2	0.1	0.5	1.4	0.9	0.7
180	0.2	0.0	0.6	1.5	0.7	0.8
190	0.5	0.1	0.6	2.4	0.8	1.7
200	0.9	0.1	1.3	6.5	0.8	1.2
210	0.7	0.6	1.7	6.3	0.9	2.7
220	0.4	1.8	2.4	5.5	1.7	3.1
230	0.7	2.1	3.4	4.1	2.0	2.8
240	1.4	3.0	3.4	6.4	6.0	4.0
250	2.4	3.5	4.5	17.8	9.6	6.6
260	3.2	3.7	5.2	15.3	19.4	14.9
270	4.4	7.4	7.8	7.4	31.5	13.8
280	4.4	9.4	12.5	10.8	43.8	17.5
290	6.0	11.6	10.1	10.9	54.3	15.8
300	10.8	13.0	12.8	4.4	62.3	25.8

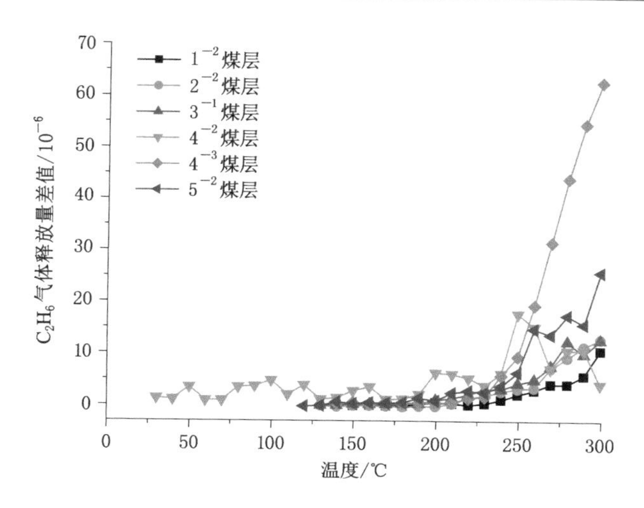

图 5.18　不同煤层原煤与阻化煤氧化升温过程中 C_2H_6 气体释放量差值随温度变化曲线

从表 5.7 与图 5.18 中可以看出阻化剂抑制陕北侏罗纪不同煤层煤在氧化升温过程中 C_2H_6 气体释放规律与 C_2H_4 气体释放规律相似，除 4^{-2} 煤层煤外，其余煤层煤均是在缓慢氧化阶段后期生成 C_2H_6 气体，在初始阶段表现为缓慢抑制，在快速氧化阶段抑制效果最为明显。这说明煤自燃过程中抑制碳氢气体生成的机理相似，阻化剂通过不断捕获自由基，终止自由基链式反应，达到抑制中间氧化产物的生成及其分解的目的。在快速氧化阶段，煤结构中大量活化部位受到氧分子攻击以及烷基侧链发生自由基断裂生成碳氢气体，阻化剂抑制的活性位点增多，因此表现出对气体抑制效果也增强。由第二章第四节研究结果可知，分子修饰后的花青素在 216 ℃出现温度迅速升高，可能达到燃点燃烧，缓释抗氧型阻化剂能够在高温阶段持续释放 H^+ 给各类自由基，终止自由基的链式反应。通过对高温碳氢气体的抑制效果研究，进一步验证了经过改性后的抗氧化剂材料，可在高温阶段持续发挥化学阻化的能力。

本章小结

煤自燃氧化的宏观表现为一系列气体的生成，如 CO、CO_2、烷烃类以及烯烃类气体等。本章通过自主搭建的煤氧化程序升温实验平台测试陕北侏罗纪不同煤层原煤及阻化煤在自燃过程中释放气体的规律，从气体层面揭示了缓释抗氧型阻化剂抑制煤自燃的机理。本章主要内容与结论如下。

(1) 氧气的消耗和气态产物的释放规律可反映出煤自燃的程度。煤氧化反应过程中,氧气分子通过气流边界层,扩散至煤粒内部孔隙中形成吸附的同时发生氧化反应,并且氧化生成的气体沿着孔隙释放排出。陕北侏罗纪不同煤层煤在氧化升温过程中氧气浓度逐渐下降,在缓慢氧化阶段之前,氧气浓度下降平缓,表明该阶段氧气需求较低。随着煤温度不断升高,氧气浓度出现快速下降,说明活性官能团类型和数量开始大量增加,不断消耗氧气致使氧气浓度下降。阻化煤在氧化升温过程中各阶段的氧气浓度均高于原煤的,说明阻化剂阻碍了煤的氧化反应,造成氧气消耗量减小。通过对原煤与阻化煤氧化升温过程中氧气浓度差值进行计算,发现随着煤氧化升温,差值逐级增大,即阻化剂先阻化容易发生链式反应的基团,随后缓释阻化逐步活化的各类活性官能团。

(2) 耗氧速率可以反映煤氧化升温的剧烈程度。原煤在氧化升温过程中耗氧速率逐渐增大,说明在整个煤自燃过程中煤氧复合反应变得越来越剧烈。在水分蒸发及气体脱附与缓慢氧化阶段,耗氧速率较小,随着煤温升高,煤氧复合反应逐步转为剧烈反应,耗氧速率呈现指数增长的趋势。阻化剂对陕北侏罗纪不同煤层煤在氧化升温过程中耗氧速率的影响表现出很好的抑制作用,在水分蒸发及气体脱附与缓慢氧化阶段,对耗氧速率的抑制作用缓慢增强。随着煤氧复合反应进入加速氧化与快速氧化阶段,阻化剂对耗氧速率的抑制程度保持在一个较高水平。这表明了缓释抗氧型阻化剂在较高温度阶段发挥着捕获自由基抑制煤自燃的作用。

(3) 原煤在氧化升温过程中碳氧气体 CO 与 CO_2 的释放量都表现出先缓慢释放,随后呈指数增长趋势迅速释放。由于在低温阶段下煤氧复合反应中充足的氧气只攻破一些活性较低的部位,碳氧气体释放量较小,随着温度逐渐升高,煤结构中产生更多的活性位点,反应生成的碳氧气体开始增多,在 200 ℃后,煤与氧气反应剧烈,导致生成大量碳氧气体并呈指数增长趋势释放。阻化剂处理后抑制了碳氧气体的释放。通过对原煤与阻化煤氧化升温过程中碳氧气体释放量差值进行计算,发现在水分蒸发及气体脱附与缓慢氧化阶段,碳氧气体抑制量缓慢增大,随着煤氧复合反应进入加速氧化与快速氧化阶段,碳氧气体抑制量进一步增大。这表明随着温度升高,煤结构中活性位点逐渐增多,煤结构与氧气的化学链式反应转为剧烈反应时,阻化剂不断捕获活跃的自由基,形成稳定的结构,在高温阶段体现出阻化剂优越的捕获自由基性能,对碳氧气体的抑制程度保持较高水平。

(4) 在煤氧化升温至 100～140 ℃之间时可以检测到 C_2H_4 气体,而在 4^{-2} 煤层煤常温时就能检测到 C_2H_6 气体，但在其他煤层煤氧化升温至 120～140 ℃之间时才能检测到 C_2H_6 气体，表明 C_2H_6 气体来源主要分为常温下煤孔隙中赋存，以及高温阶段氧化反应产生，但 C_2H_4 气体只在高温下才可产生。碳氢气体不是热解反应通道生成的，而是煤氧化中间产物分解产生的，随着煤温升高，煤氧复合反应剧烈致使煤氧化中间产物分解速度加快，从而使碳氢气体释放量增大。阻化剂抑制后，C_2H_4 气体开始释放时的温度出现滞后，其中 4^{-3} 煤层与 5^{-2} 煤层煤的滞后最明显。通过对原煤与阻化煤氧化升温过程中碳氢气体释放量进行计算，发现抑制煤氧化生成碳氢气体的程度各异，但整体均呈现出阻化剂在高温阶段能够持续捕获自由基，从而抑制煤与氧气反应生成煤氧化中间产物以及中间产物进一步分解生成碳氢气体。

第六章　缓释抗氧型阻化剂抑制煤自燃特征及机理

第三章至第五章从不同角度分析了缓释抗氧型阻化剂对陕北侏罗纪不同煤层煤氧化升温过程中活性官能团以及宏观热效应、动力学特性与气体表征的影响。煤自燃的宏观表征特性是微观活性官能团的外在体现，微观活性官能团的变化是影响宏观特征的本质。如果建立两者之间的关系，就可以从官能团层面揭示阻化剂抑制煤氧化的内在原因。因此，本章采用动态灰色关联的数学方法，将原位红外光谱实时测试的不同煤层原煤及阻化煤的官能团含量与热流强度以及指标性气体释放浓度分别建立量化判定指标，确定煤宏观特性变化规律与微观特征变化之间的动态关系，最终揭示缓释抗氧型阻化剂抑制煤自燃机理。

第一节　关联性分析方法

一、理论介绍

关联性分析是数据挖掘过程中一项基础且十分重要的技术，可在大量数据库中发现变量之间的关系。具有关联性的元素之间存在一定的联系，计算关联性变量之间的关联性程度称为关联性分析。

一般抽象的系统，比如煤分子结构是由许多种类官能团(子系统)组成，各类官能团的作用结果导致煤氧复合反应呈发展态势。但由于官能团之间关系比较复杂，且具有很大的模糊和灰色特性，使煤分子自燃过程中的主要矛盾和特征难以捕捉，从而给人们认识煤自燃过程带来困难。因此要研究煤自燃这个复杂系统，首先要进行系统性分析，即明确在系统中众多的官能团类型中，哪些是主要因素、哪些是次要因素；哪些官能团对煤自燃过程中热效应以及气体释放影响大、哪些影响小；哪些对煤自燃过程起到推动作用、哪些起到抑制作用等。同时要明确煤自燃过程中官能团之间的内在关系，这也正是灰色关联分析所要解决的问题。

1982 年中国学者邓聚龙创立了灰色系统理论，该理论将数据序列作为映射量间接地来反映系统的行为特征，对数据序列进行曲线描述，根据序列曲线几何形状的相似程度来判断其关联是否紧密，曲线越接近，相应序列之间的关联度就越大，反之越小，这也是灰色关联的思想。灰色关联分析对样本量的多少和样本有无规律都同样适用，且计算量小，更不会出现量化结果与定性分析结果不符的情况。

在煤氧化升温过程中，热效应及气体释放量的宏观表征会同时受到各类不同种类和数量活性官能团的影响。为了系统地认识煤自燃过程，通过灰色关联分析建立适当的数学模型，对系统动态发展过程中的影响因素进行量化，得到影响系统的主要矛盾、主要特征和主要因素，即获得关键活性官能团对煤自燃过程中宏观热效应及气体释放量的贡献程度。

二、计算步骤

(1) 确定分析数列

在进行关联分析时，为了从数据信息的内部结构上分析被评判事物与其影响因素之间的关系，必须用某种数量指标定量地反映被评判事物的性质。按照一定顺序排列的数量指标称为关联分析的母序列，以此确定反映系统特征的参考数列以及影响系统特征的多因素比较数列。在本章中，选择煤自燃氧化升温过程中的热效应作为参考数列，各类活性官能团的含量作为比较数列。

(2) 变量无量纲化处理

在煤自燃过程中热效应与活性官能团之间存在类别差异和不同量纲的情况，因此为了便于直接比较并得到准确的结论，需要对系统中各类因素的时间序列进行无量纲化处理，通常采用均值化方法，得到不同数值与平均值的比值新数组。

(3) 计算关联系数

在经过变量无量纲化处理后，需要计算各个比较序列与参考序列之间的关联系数。这个系数反映了两个序列之间的相似程度，它的值越大，说明两个序列的关联程度越高。在计算时所涉及的分辨系数，一般取值范围为(0,1)，其值越小分辨力越大，通常经验取值为 0.5。

(4) 计算关联度

关联度是衡量参考数列与比较数列的关联程度。煤自燃升温过程中热流与活性官能团在每时每刻都会存在一个关联程度值，来反映影响程度的大小。由于数值结果比较分散杂乱，不利于序列之间整体比较，因此需要对关联程度值进行平均值计算，得到的最终结果即不同活性官能团与热流强度的关联度。

(5) 关联度排序

基于关联度计算，可以得到煤自燃动态变化过程中不同类型活性官能团与热流强度及气体释放量的关联度，并按照关联度大小对所有因素进行排序。关联度越大，就说明该序列与参考数列更相似，从而确定其为反应过程中的关键活性官能团。

基于陕北侏罗纪不同煤层原煤及阻化煤氧化升温过程中的官能团含量与热流强度以及指标性气体释放浓度的关联性分析，得到了阻化剂抑制特征。关键活性官能团主要选择陕北侏罗纪不同煤层原煤及5%阻化煤在氧化升温过程中发生显著变化的活性官能团，主要包括波数2 935～2 918 cm^{-1}范围内环烷或脂肪族中—CH_3/—CH_2，波数2 858～2 847 cm^{-1}范围内—CH_2，波数3 050～3 030 cm^{-1}范围内芳烃C—H，波数3 550～3 200 cm^{-1}范围内酚/醇/羧酸—OH或分子间缔合的氢键以及波数1 780～1 630 cm^{-1}范围内醛/酮/羧酸/酯/醌C═O。

第二节　活性官能团与煤自燃宏观表征关联性

一、热效应与活性官能团的灰色关联

根据上述灰色关联分析理论，将煤自燃过程中发生显著变化的5类活性官能团与热流强度进行关联度计算，结果如表6.1所列，贡献程度对比如图6.1所示。

表6.1　热流强度与活性官能团的关联度分析

编号	煤样	—CH_2	—CH_3	C—H	—OH	C═O
1	1^{-2}煤层原煤	0.631 95	0.633 38	0.627 22	0.617 53	0.641 24
2	1^{-2}煤层阻化煤	0.625 84	0.627 80	0.621 92	0.617 82	0.633 18
3	2^{-2}煤层原煤	0.625 66	0.627 24	0.622 57	0.616 27	0.636 54
4	2^{-2}煤层阻化煤	0.633 31	0.634 45	0.626 66	0.622 79	0.639 13
5	3^{-1}煤层原煤	0.622 24	0.623 66	0.617 77	0.612 13	0.635 38
6	3^{-1}煤层阻化煤	0.626 17	0.627 83	0.620 33	0.616 85	0.634 51
7	4^{-2}煤层原煤	0.624 47	0.626 02	0.620 37	0.613 72	0.639 49
8	4^{-2}煤层阻化煤	0.628 62	0.631 01	0.624 16	0.620 97	0.635 73
9	4^{-3}煤层原煤	0.617 35	0.609 58	0.608 03	0.610 95	0.645 05
10	4^{-3}煤层阻化煤	0.613 39	0.611 50	0.604 95	0.601 98	0.635 51
11	5^{-2}煤层原煤	0.628 89	0.630 48	0.625 79	0.620 01	0.643 97
12	5^{-2}煤层阻化煤	0.628 14	0.629 63	0.623 64	0.621 45	0.637 29

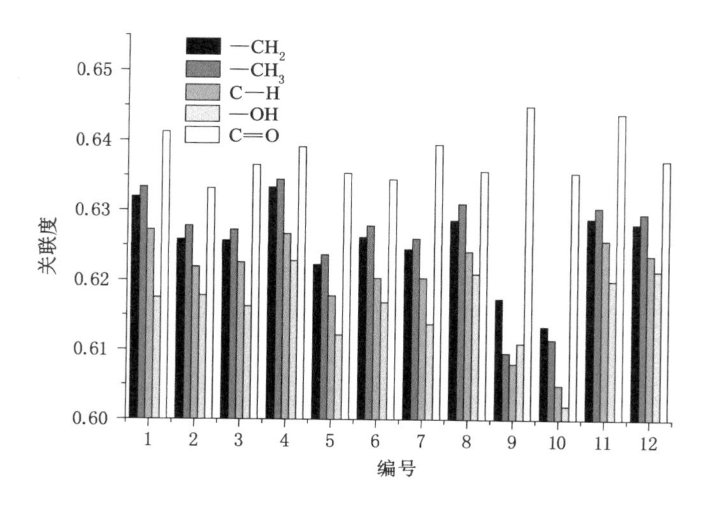

图 6.1　活性官能团对热流强度贡献程度对比

煤氧化升温过程中热流曲线明显地表现出阶段性特征：水分蒸发及气体脱附阶段、缓慢氧化阶段、加速氧化阶段与快速氧化阶段。煤氧反应初期为水分蒸发及气体脱附阶段，主要发生气体的物理解吸及水分的蒸发，该阶段温度范围较窄。很快煤进入缓慢氧化阶段，该阶段煤分子非芳香结构最活跃，易受氧分子攻击反应放热，其中桥键受到芳环和其他基团的影响较大，通常比侧链更易氧化。随着煤氧化升温，煤结构中更多种类和数量的活性官能团被活化并与氧气发生强烈反应，多种氧化反应热流组合而成的总体放热量加速增大，热流强度曲线呈指数增长。随着在低温条件下不参与煤氧化学反应的环状有机分子结构开始参与反应，煤结构中暴露出的活性官能团的种类与数量剧增，煤氧复合反应加剧，煤进入快速氧化阶段。

由表 6.1 可知，陕北侏罗纪不同煤层原煤在氧化升温过程中，5 类活性官能团与热流强度的关联度范围为 0.60～0.65，整体表现出较高关联性，说明煤从 30 ℃氧化升温至 300 ℃的过程中，不同煤层原煤反应释放的热流强度受这 5 类活性官能团的共同影响。通过图 6.1 关联度大小比较排序，发现陕北侏罗纪不同煤层原煤氧化升温过程中与热流强度的关联度最大的均是 C ═O，这也说明该类活性官能团含量越高，越容易发生链式反应释放热量。分子结构中—CH_3、—CH_2 与热流强度的关联度仅次于 C ═O 与热流强度的关联度，但—CH_3、—CH_2 随着煤温升高容易与氧原子发生取代和裂解一系列反应，不断被消耗生成 C ═O。虽然 C—H、—OH 与热流强度的关联度小于前面三类活性官能团与热流强度的关联度，但关联度也较大，说明对煤反应放热也有一定的贡献。

对各阻化煤进行相同实验条件下的氧化升温，发现活性官能团与热流强度的关联度也较大，且与原煤的有着相同的关联规律。因此，可推断阻化剂抑制煤自燃中的热流强度过程中，抗氧化剂材料通过自身单元芳香环上多个邻位、间位上的活性酚羟基，不断释放 H^+ 给引起热量变化的 C═O 与脂肪烃发生的链式反应中的活性自由基，促使自由基的链式反应终止，达到抑制煤氧反应的热效应的目的。

二、O_2浓度与活性官能团的灰色关联

煤自燃过程中氧气是最关键的因素，煤分子结构受到氧分子攻击发生氧化反应，根据上述灰色关联分析理论，将煤自燃过程中发生显著变化的 5 类活性官能团与氧气浓度进行关联度计算，结果如表 6.2 所列，贡献程度对比如图 6.2 所示。

表 6.2　氧气浓度与活性官能团的关联度分析

编号	煤样	$—CH_2$	$—CH_3$	C—H	—OH	C═O
1	1^{-2}煤层原煤	0.855 99	0.834 08	0.776 72	0.629 13	0.725 95
2	1^{-2}煤层阻化煤	0.840 32	0.824 08	0.729 37	0.633 56	0.714 78
3	2^{-2}煤层原煤	0.806 99	0.784 39	0.763 85	0.705 34	0.676 86
4	2^{-2}煤层阻化煤	0.779 55	0.762 78	0.746 67	0.685 56	0.686 95
5	3^{-1}煤层原煤	0.773 14	0.748 29	0.734 66	0.719 70	0.646 80
6	3^{-1}煤层阻化煤	0.864 25	0.822 66	0.760 93	0.682 58	0.707 83
7	4^{-2}煤层原煤	0.869 89	0.843 92	0.811 51	0.662 71	0.661 10
8	4^{-2}煤层阻化煤	0.861 53	0.793 36	0.771 76	0.641 97	0.685 26
9	4^{-3}煤层原煤	0.961 78	0.957 76	0.886 87	0.855 74	0.670 53
10	4^{-3}煤层阻化煤	0.943 18	0.915 29	0.867 58	0.805 50	0.670 34
11	5^{-2}煤层原煤	0.829 08	0.805 87	0.784 17	0.734 49	0.648 75
12	5^{-2}煤层阻化煤	0.852 37	0.833 36	0.826 45	0.750 34	0.696 82

陕北侏罗纪不同煤层原煤及阻化煤在氧化升温过程中均不断与氧气发生反应，致使氧气浓度逐渐下降。在缓慢氧化阶段前，活跃基团较少，氧气浓度下降较缓，随着煤温度不断升高，活性官能团类型和数量开始大量被激活，氧气被迅速消耗。

由表 6.2 可知，陕北侏罗纪不同煤层原煤在煤氧化升温过程中，5 类活性官能团均与氧气浓度有一定的关联性，关联度范围为 0.62～0.97，其中脂肪烃$—CH_2$、$—CH_3$与氧气浓度的关联度最大，不小于 0.74，其中 4^{-3}煤层原煤的达

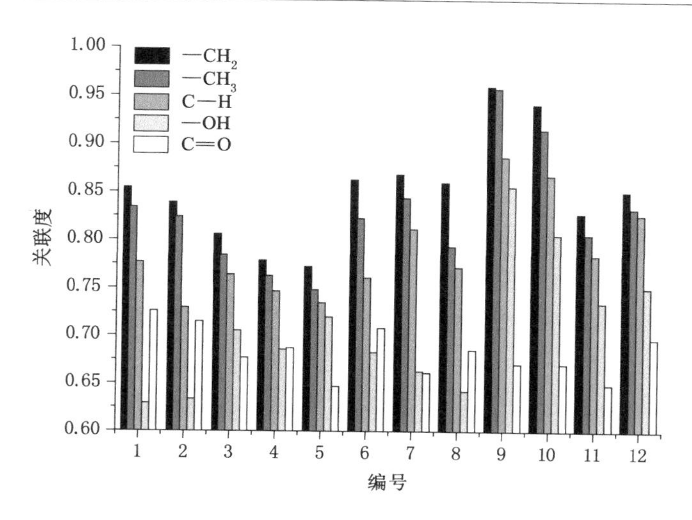

图 6.2　活性官能团对氧气浓度贡献程度对比

到 0.96 左右。由第四章第三节可知$—CH_3$、$—CH_2$在煤氧化升温过程中不断被消耗，结合其与氧气浓度关联度较大，可推断煤结构中脂肪烃的消耗与氧气有着最密切的关系，为氧分子攻击结合的最主要部位。脂肪烃以及芳香环上的烷基侧链和桥键是煤结构中主要的活性位点，首先被氧化，随后煤结构裂解产生的脂肪烃不断与氧分子发生反应被消耗。根据图 6.2 对比活性官能团对消耗氧气的贡献程度发现，芳香烃 C—H 与氧气浓度的关联度仅次于脂肪烃与氧气浓度的关联度，且其在煤氧化升温过程中也是不断被消耗，说明芳香烃也是与氧气发生反应，并被消耗。

结合表 6.2 与图 6.2，将阻化煤在氧化升温过程中活性官能团与氧气浓度的关联度规律与原煤的做比较，发现都是脂肪烃$—CH_2$、$—CH_3$ 与氧气浓度的关联度最大，随后是芳香烃—CH 与氧气浓度的关联度，最后是含氧官能团 C ═O、—OH 与氧气浓度的关联度，可推断阻化剂通过捕获自由基，主要阻碍氧气与脂肪烃发生链式反应，对芳香烃的氧化反应也有一定阻碍作用，从而整体上降低了煤氧化反应的速率。

三、碳氧气体浓度与活性官能团的灰色关联

煤自燃过程中氧气分子与煤中活性官能团反应释放碳氧化物 CO 与 CO_2 气体，依据灰色关联分析理论，将煤自燃过程中发生显著变化的 5 类活性官能团分别与 CO、CO_2 气体浓度进行关联度计算，反映出活性官能团对碳氧化物产生的贡献程度，结果如表 6.3 和表 6.4 所列，贡献程度对比如图 6.3 和图 6.4 所示。

表 6.3　CO 气体浓度与活性官能团的关联度分析

编号	煤样	$-CH_2$	$-CH_3$	C—H	—OH	C=O
1	1^{-2}煤层原煤	0.712 49	0.713 77	0.709 67	0.702 56	0.721 60
2	1^{-2}煤层阻化煤	0.728 06	0.729 40	0.725 28	0.722 75	0.735 37
3	2^{-2}煤层原煤	0.707 80	0.709 11	0.705 72	0.700 82	0.716 89
4	2^{-2}煤层阻化煤	0.720 62	0.721 75	0.714 76	0.711 73	0.726 77
5	3^{-1}煤层原煤	0.669 16	0.670 68	0.664 80	0.659 12	0.683 99
6	3^{-1}煤层阻化煤	0.723 82	0.725 03	0.720 44	0.718 35	0.732 01
7	4^{-2}煤层原煤	0.714 01	0.715 18	0.711 47	0.706 03	0.725 79
8	4^{-2}煤层阻化煤	0.719 29	0.721 83	0.716 98	0.714 92	0.727 27
9	4^{-3}煤层原煤	0.667 09	0.668 39	0.665 40	0.660 16	0.681 67
10	4^{-3}煤层阻化煤	0.726 09	0.727 05	0.722 60	0.721 30	0.735 53
11	5^{-2}煤层原煤	0.667 09	0.668 39	0.665 40	0.660 16	0.681 67
12	5^{-2}煤层阻化煤	0.726 09	0.727 05	0.722 60	0.721 30	0.735 53

表 6.4　CO_2 气体浓度与活性官能团的关联度分析

编号	煤样	$-CH_2$	$-CH_3$	C—H	—OH	C=O
1	1^{-2}煤层原煤	0.704 06	0.705 61	0.699 36	0.687 25	0.715 84
2	1^{-2}煤层阻化煤	0.701 50	0.703 68	0.697 34	0.693 31	0.711 55
3	2^{-2}煤层原煤	0.707 33	0.709 09	0.704 80	0.697 48	0.719 92
4	2^{-2}煤层阻化煤	0.723 70	0.725 05	0.717 56	0.714 32	0.731 02
5	3^{-1}煤层原煤	0.687 52	0.689 19	0.682 70	0.676 42	0.702 19
6	3^{-1}煤层阻化煤	0.717 49	0.719 09	0.712 31	0.709 64	0.728 26
7	4^{-2}煤层原煤	0.719 91	0.721 37	0.717 73	0.711 28	0.734 63
8	4^{-2}煤层阻化煤	0.759 68	0.762 77	0.756 46	0.754 77	0.769 26
9	4^{-3}煤层原煤	0.724 29	0.720 41	0.722 05	0.718 87	0.762 49
10	4^{-3}煤层阻化煤	0.733 38	0.740 78	0.737 42	0.736 79	0.775 59
11	5^{-2}煤层原煤	0.718 71	0.719 89	0.716 26	0.711 77	0.733 92
12	5^{-2}煤层阻化煤	0.736 38	0.737 96	0.730 69	0.728 56	0.750 88

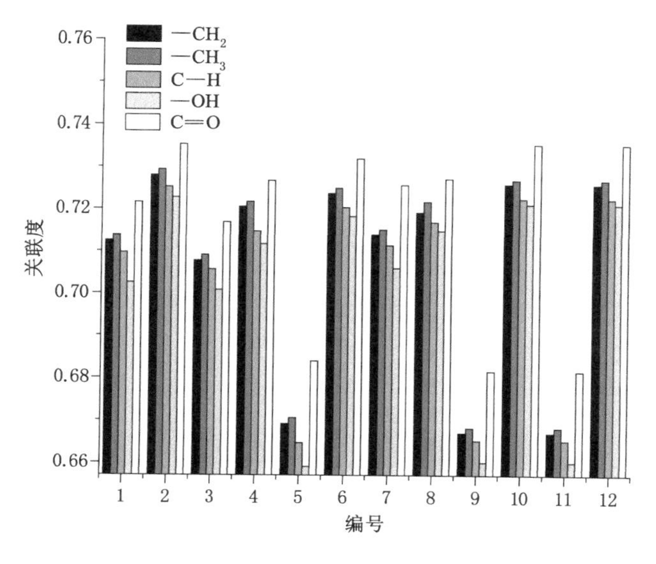

图 6.3　活性官能团对 CO 气体浓度贡献程度对比

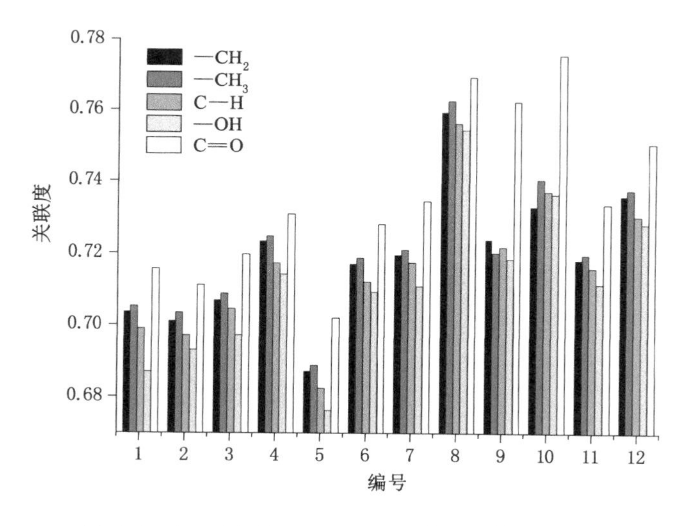

图 6.4　活性官能团对 CO_2 气体浓度贡献程度对比

陕北侏罗纪不同煤层原煤及阻化煤在氧化升温过程中，煤中活性官能团与氧气发生化学反应生成不稳定的碳氧络合物，CO 与 CO_2 气体主要是由于该不稳定的络合物受热分解而来。在低温阶段煤结构中活性位点较少，碳氧化物产生缓慢，随着温度升高，不断有更多的活性官能团活化参与到煤氧复合反应中，释放出更多的碳氧气体。

由表 6.3 和表 6.4 可知，陕北侏罗纪不同煤层原煤氧化升温过程中，不同活性官能团与碳氧气体浓度的关联度均较大，范围为 0.65～0.77，表明这 5 类活性官能团共同影响了原煤氧化升温过程中碳氧气体的释放。为体现出这 5 类活性官能团对碳氧气体浓度的贡献程度，通过关联度大小来反映不同活性官能团的影响程度。对不同活性官能团与碳氧气体浓度的关联度大小进行排序，由图 6.3 和图 6.4 可以看出不同煤层原煤氧化升温过程中 C ═O 与碳氧气体浓度的关联度最大，说明 C ═O 是产生碳氧气体的主要活性官能团，在反应过程中起着非常重要的作用。脂肪烃—CH_3、—CH_2 与碳氧气体浓度的关联度次之，芳香烃 C—H、含氧官能团—OH 与碳氧气体浓度的关联度最小。而—CH_3、—CH_2、C—H 与—OH 在煤氧化升温过程中不断被消耗，C ═O 的含量呈现增加趋势。基于 A. H. Clemens 等[123]提出的基元反应，推断陕北侏罗纪不同煤层原煤氧化升温过程中—CH_3、—CH_2 与 C—H 被消耗生成了 C ═O，不断增加的 C ═O 再次分解生成了碳氧气体。

对比阻化煤和原煤的活性官能团与碳氧气体浓度的关联度规律，发现阻化煤的活性官能团与碳氧气体浓度的关联度更大，范围为 0.69～0.78，说明这 5 类活性官能团均影响着碳氧气体的释放。由图 6.3 和图 6.4 可知，阻化煤中 5 类活性官能团对煤氧化释放碳氧气体的贡献程度顺序与原煤中的相同，说明阻化剂主要通过在上述链式反应过程中捕获煤分子结构中的自由基，从而达到抑制煤氧化释放碳氧气体的目的。

四、碳氢气体浓度与活性官能团的灰色关联

为分析煤氧化升温过程中 C_2H_4 及 C_2H_6 等碳氢气体浓度与 5 类活性官能团的关系，通过灰色关联计算得到结果，如表 6.5 与表 6.6 所列，贡献程度对比如图 6.5 和图 6.6 所示。

表 6.5　C_2H_4 气体浓度与活性官能团的关联度分析

编号	煤样	—CH_2	—CH_3	C—H	—OH	C ═O
1	1^{-2}煤层原煤	0.643 24	0.644 85	0.641 59	0.634 97	0.654 85
2	1^{-2}煤层阻化煤	0.725 22	0.726 06	0.723 89	0.722 14	0.734 31
3	2^{-2}煤层原煤	0.631 13	0.632 01	0.631 87	0.631 15	0.642 01
4	2^{-2}煤层阻化煤	0.652 21	0.654 05	0.650 60	0.650 40	0.661 41

表 6.5(续)

编号	煤样	$—CH_2$	$—CH_3$	C—H	—OH	C═O
5	3^{-1}煤层原煤	0.673 43	0.674 70	0.671 89	0.668 53	0.685 93
6	3^{-1}煤层阻化煤	0.648 41	0.649 39	0.646 95	0.646 03	0.658 01
7	4^{-2}煤层原煤	0.685 14	0.686 21	0.685 46	0.685 68	0.696 63
8	4^{-2}煤层阻化煤	0.683 52	0.685 64	0.683 75	0.685 27	0.691 99
9	4^{-3}煤层原煤	0.657 17	0.658 10	0.663 31	0.666 59	0.704 86
10	4^{-3}煤层阻化煤	0.622 02	0.626 06	0.629 37	0.630 92	0.662 51
11	5^{-2}煤层原煤	0.698 95	0.699 86	0.698 85	0.699 79	0.714 51
12	5^{-2}煤层阻化煤	0.734 66	0.735 68	0.733 42	0.733 47	0.746 53

表 6.6　C_2H_6气体浓度与活性官能团的关联度分析

编号	煤样	$—CH_2$	$—CH_3$	C—H	—OH	C═O
1	1^{-2}煤层原煤	0.719 12	0.710 93	0.709 29	0.705 21	0.747 77
2	1^{-2}煤层阻化煤	0.647 86	0.649 07	0.647 85	0.647 19	0.656 73
3	2^{-2}煤层原煤	0.700 52	0.701 53	0.701 42	0.700 45	0.712 54
4	2^{-2}煤层阻化煤	0.710 17	0.712 17	0.708 32	0.708 36	0.720 26
5	3^{-1}煤层原煤	0.705 16	0.706 03	0.704 75	0.702 22	0.715 95
6	3^{-1}煤层阻化煤	0.707 06	0.708 01	0.705 58	0.704 73	0.717 55
7	4^{-2}煤层原煤	0.707 13	0.708 81	0.704 22	0.699 31	0.720 49
8	4^{-2}煤层阻化煤	0.751 16	0.753 22	0.748 82	0.747 56	0.758 41
9	4^{-3}煤层原煤	0.694 44	0.695 01	0.700 93	0.702 20	0.738 66
10	4^{-3}煤层阻化煤	0.668 64	0.673 19	0.677 95	0.681 15	0.719 38
11	5^{-2}煤层原煤	0.729 01	0.730 93	0.729 23	0.729 40	0.742 32
12	5^{-2}煤层阻化煤	0.697 38	0.698 03	0.696 61	0.696 25	0.707 42

陕北侏罗纪不同煤层原煤及阻化煤氧化升温过程中生成了碳氢气体，其中C_2H_4气体是煤氧化高温反应生成的，而C_2H_6气体除了在4^{-2}煤层煤中是常温下吸附伴随的外，在其他5个煤层煤中均是高温下生成的。由第五章可知在高温阶段生成的碳氢气体是由煤氧复合反应形成的氧化中间产物分解而来的。

由表6.5与表6.6分析发现，原煤中5类活性官能团与碳氢气体浓度的关联度较大，范围为0.63～0.75，表明这5类活性官能团共同影响了碳氢气体的

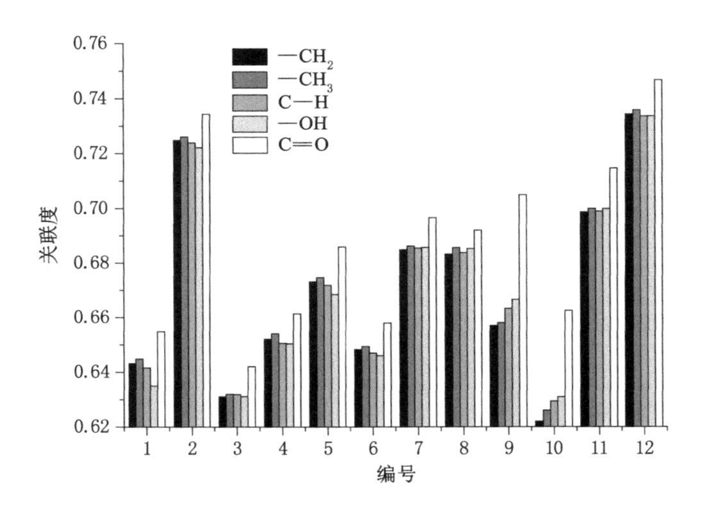

图 6.5　活性官能团对 C_2H_4 气体浓度贡献程度对比

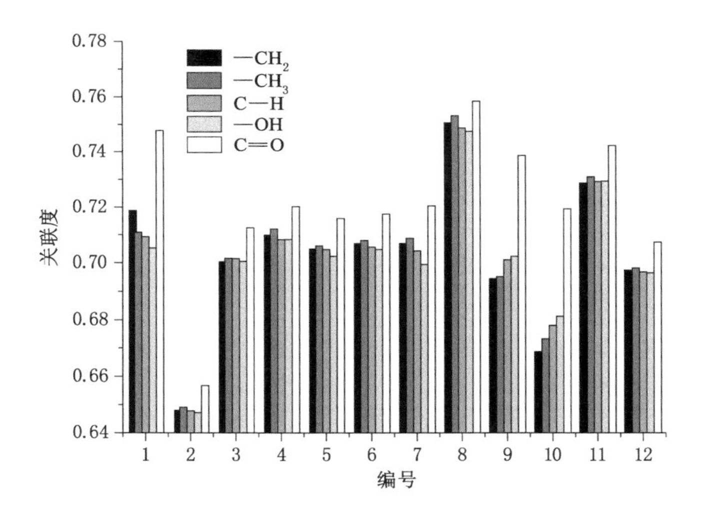

图 6.6　活性官能团对 C_2H_6 气体浓度贡献程度对比

释放。由图 6.5 和图 6.6 可知原煤中 5 类活性官能团对碳氢气体释放的贡献程度，发现 C═O 与碳氢气体浓度的关联度最大，其他活性官能团—CH_3、—CH_2、C—H、—OH 与碳氢气体浓度的关联度未体现出较好的规律。根据C═O 与碳氢气体浓度有着较高的关联性，验证了碳氢气体的生成由煤氧复合反应生成的氧化中间产物分解。而阻化煤中 5 类活性官能团与碳氢气体浓度的关联度为

0.62～0.76，说明阻化煤氧化释放碳氢气体也是受这5类活性官能团的影响。另外，这5类活性官能团中影响阻化煤氧化释放碳氢气体的关键基团也是C═O，说明阻化剂主要通过抑制煤自燃发生链式反应生成氧化中间产物并捕获释放碳氢气体过程中的自由基，达到抑制煤自燃释放碳氢气体的目的。

第三节　阻化机理分析

根据前面章节对陕北侏罗纪不同煤层煤在氧化升温过程中的活性官能团、热效应、气体释放特性与关联性分析，发现煤自燃过程先是氧气扩散进入煤分子结构内部攻击活性官能团，如—CH_2、—CH_3，并发生氧化反应，形成不稳定的氧化产物，不稳定的氧化产物受热分解为气体，如CO、CO_2等，以及新的稳定含氧官能团，如C═O等，新的稳定含氧官能团高温继续分解生成CO、CO_2、C_2H_4、C_2H_6等气体以及新的活性官能团，反应过程中伴随着热效应，与A. H. Clemens等[123]、袁绍[210]提出的煤自燃反应机制相似。

A. H. Clemens等认为煤的氧化过程主要通过自由基反应进行，以易受氧分子攻击的亚甲基—CH_2为代表，采用Coal或者R（Coal和R表示煤分子主要结构）与亚甲基相连，对煤自燃机理进行了推测，如式(6.1)～式(6.10)所示。A. H. Clemens等提出的这一反应机理几乎囊括了煤氧化过程中大部分基元反应，被国内外学者广泛认可，但未涉及C_2H_4、C_2H_6气体的生成反应，袁绍采用高斯模拟对反应过程进行了弥补，提出了C_2H_4、C_2H_6气体的生成机理，见式(6.11)～式(6.12)。

$$\text{Coal}-CH_2-\text{Coal}\xrightarrow{R\cdot}\text{Coal}-\dot{C}H-\text{Coal}+RH \tag{6.1}$$

$$\text{Coal}-\dot{C}H-\text{Coal}\xrightarrow{O_2}\text{Coal}-C(H)(O-O\cdot)-\text{Coal} \tag{6.2}$$

$$\text{Coal}-C(H)(O-O\cdot)-\text{Coal}\xrightarrow{RH}\text{Coal}-C(H)(O-OH)-\text{Coal}+R\cdot \tag{6.3}$$

$$\text{Coal—}\underset{\text{OOH}}{\overset{\text{H}}{\text{C}}}\text{—Coal} \longrightarrow \text{Coal—}\underset{\dot{\text{O}}}{\overset{\text{H}}{\text{C}}}\text{—Coal} + \dot{\text{O}}\text{H} \tag{6.4}$$

$$\text{Coal—}\underset{\dot{\text{O}}}{\overset{\text{H}}{\text{C}}}\text{—Coal} \longrightarrow \text{Coal—}\underset{\text{O}}{\underset{\|}{\text{C}}}\text{H} + \text{Coal} \tag{6.5}$$

$$\text{Coal—}\underset{\text{O}}{\underset{\|}{\text{C}}}\text{H} + \dot{\text{O}}\text{H} \longrightarrow \text{Coal—}\underset{\text{O}}{\underset{\|}{\dot{\text{C}}}} + \text{H}_2\text{O} \tag{6.6}$$

$$\text{Coal—}\underset{\text{O}}{\underset{\|}{\dot{\text{C}}}} + \text{O}_2 \xrightarrow{\text{RH}} \text{Coal—}\underset{\text{O}}{\underset{\|}{\text{C}}}\text{—OOH} \xrightarrow{\text{Coal—CHO}} 2\text{Coal—}\underset{\text{O}}{\underset{\|}{\text{C}}}\text{—OH} \tag{6.7}$$

$$\text{Coal—}\underset{\text{O}}{\underset{\|}{\dot{\text{C}}}} \longrightarrow \text{Coal} + \text{CO} \tag{6.8}$$

$$\text{Coal—}\underset{\text{O}}{\underset{\|}{\text{C}}}\text{—OH} \xrightarrow{\dot{\text{R}}} \text{Coal—}\underset{\text{O}}{\underset{\|}{\text{C}}}\text{—}\dot{\text{O}} \longrightarrow \text{Coal} + \text{CO}_2;\quad \text{Coal—}\underset{\text{O}}{\underset{\|}{\text{C}}}\text{—}\dot{\text{O}} \xrightarrow{\dot{\text{R}}} \text{Coal—}\underset{\text{O}}{\underset{\|}{\text{C}}}\text{—OR} \tag{6.9}$$

$$\text{Coal—}\underset{\text{O}}{\underset{\|}{\text{C}}}\text{—}\dot{\text{O}} + \text{Coal—}\underset{\text{O}}{\underset{\|}{\text{C}}}\text{—OH} \longrightarrow \text{Coal—}\underset{\text{O}}{\underset{\|}{\text{C}}}\text{—O—}\underset{\text{O}}{\underset{\|}{\text{C}}}\text{—Coal} + \dot{\text{O}}\text{H} \tag{6.10}$$

$$\text{C}_6\text{H}_5\text{—CH(OOH)—CH}_2\text{—} \longrightarrow \text{C}_6\text{H}_5\text{—CH=O} + \text{C}_2\text{H}_4 + \dot{\text{O}}\text{H} \tag{6.11}$$

$$\text{C}_6\text{H}_5\text{—CH(}\dot{\text{O}}\text{)—CH}_2\text{CH}_3 \longrightarrow \text{C}_6\text{H}_5\text{—CH=O} + \dot{\text{C}}_2\text{H}_5 \tag{6.12}$$

上述反应过程关键部分为:反应式(6.1)为—CH_2—首先通过氢转移反应转化为次甲基自由基;反应式(6.2)表示,相比较—CH_2—,次甲基自由基具有更高的反应活性，能够快速与氧气结合生成过氧自由基；反应式(6.3)与反应式(6.4)表示，过氧自由基夺取相邻基团中的H^+后生成氢过氧化物，随后HO—O·键的断裂生成羟基自由基($\dot{O}H$)；反应式(6.6)表示，羟基是强氧化基团，夺取相邻醛基的H^+生成H_2O与羰基自由基($R—\dot{C}=O$)；反应式(6.8)与反应式(6.9)表示了羰基直接分解生成CO或者被氧化生成羧酸，羧酸分解为CO_2与新自由基；反应式(6.11)与反应式(6.12)表示煤氧化中间产物在高温热解产生C_2H_4与C_2H_6。

当陕北侏罗纪煤中加入缓释抗氧型阻化剂后，分子修饰后的花青素强烈释放H^+给上述自由基反应，终止自由基链式反应，达到防止氧化的目的。当抗氧化剂释放的H^+与煤自燃体系中游离的含氧自由基发生反应，终止了自由基发生的链式反应，自身转为稳定的酚基自由基，使煤中关键基团C=O生成以及分解途径被打断。有学者还发现自由基捕获剂主要消除游离含氧官能团，从而打断酮类、醌类和醛类化合物的氧化生成途径。结合前面灰色关联度计算可知C=O自由基与煤的热效应，CO、CO_2、C_2H_4、C_2H_6气体释放的关联性最强，因此抑制煤中关键基团C=O的生成及分解，就会相应地导致煤自燃过程中CO、CO_2、C_2H_4、C_2H_6气体释放以及热量释放受阻，从而达到抑制煤自燃的目的。

本章小结

采用动态灰色关联的数学方法，对原位红外光谱实时测试的发生显著变化的活性官能团与差示扫描量热仪测试到的热流强度以及程序升温实验测试到的O_2、CO、CO_2、C_2H_4、C_2H_6气体浓度分别建立量化关系，确定煤宏观特性变化规律与微观特征变化之间的动态关联以及相应贡献程度，揭示缓释抗氧型阻化剂抑制陕北侏罗纪煤机理。本章主要内容与结论如下。

(1) 不同煤层原煤中5类活性官能团与热流强度的关联度范围为0.60～0.65，整体表现出较高关联性，说明原煤氧化反应释放的热流强度受这5类活性官能团的共同影响。对关联度大小排序后发现与热流强度的关联度最大的都是C=O，这也说明该类官能团含量越高，越容易发生链式反应释放热量。分子结构中$—CH_3$、$—CH_2$与热流强度的关联度仅次于C=O与热流强度的关联度，但$—CH_3$、$—CH_2$随着煤温升高容易与氧原子发生取代和裂解等一系列反应，不断被消耗生成C=O。虽然C—H、—OH与热流强度的关联度小于前面三类活性官能团与热流强度的关联度，但关联度也较大，说明对煤反应放热也有一定贡献。阻化煤中5类活性官能团对热流强度释放的贡献程度与原煤中的相同，推测缓释抗氧型阻化剂不断释放 H^+，抑制了 5 类活性官能团发生的链式反应，促使自由基的链式反应终止，达到抑制煤氧反应的热效应的目的。

(2) 不同煤层原煤中 5 类活性官能团与氧气浓度的关联度范围为 0.62～0.97，其中脂肪烃—CH_2、—CH_3 与氧气浓度的关联度最大，推断煤结构中脂肪烃的消耗与氧气有着最密切的关系，为氧分子攻击结合的最主要部位。脂肪烃以及芳香环上的烷基侧链和桥键是煤结构中主要的活性位点，首先被氧化，随后煤结构裂解产生的脂肪烃不断与氧分子发生反应被消耗。芳香烃 C—H 对氧气消耗也保持较高的贡献程度，仅次于脂肪烃的，说明芳香烃也是与氧气发生反应。阻化煤氧化过程中活性官能团与氧气浓度的关联度也是脂肪烃—CH_2、—CH_3 的最大，随后是芳香烃 C—H 的，最后是含氧官能团 C ═O、—OH 的，可推断阻化剂通过捕获自由基，阻碍了氧气与脂肪烃以及芳香烃发生的链式反应。

(3)通过对不同煤层原煤中 5 类活性官能团与碳氧气体浓度的关联度分析发现，5 类活性官能团共同影响了原煤氧化过程中碳氧气体释放。根据关联度大小比较，得出 C ═O 与碳氧气体浓度的关联度最大，说明 C ═O 是产生碳氧气体的主要活性官能团，在反应过程中起着非常重要的作用。脂肪烃—CH_3、—CH_2 与碳氧气体浓度的关联度次之，芳香烃 C—H、含氧官能团—OH 与碳氧气体浓度的关联度最小，推断原煤氧化升温过程中—CH_3、—CH_2 与 C—H 被消耗生成了 C ═O，不断增加的 C ═O 再次分解生成了碳氧气体。阻化煤中 5 类活性官能团与碳氧气体浓度的关联度更大，对煤氧化释放碳氧气体的贡献程度顺序与原煤中的相同，推测阻化剂主要通过捕获上述链式反应过程中的自由基，达到抑制煤氧化释放碳氧气体的目的。

(4) 根据不同煤层原煤中 5 类活性官能团与碳氢气体浓度的关联度，分析得出该 5 类活性官能团也共同影响了碳氢气体的释放。对比 5 类活性官能团对碳氢气体释放的贡献程度，发现 C ═O 与碳氢气体浓度的关联度最大，其他活性官能团—CH_3、—CH_2、C—H、—OH 与碳氢气体浓度的关联度未体现出较好的规律。根据 C ═O 与碳氢气体浓度有着较高的关联性，验证了碳氢气体的生成由煤氧复合反应生成的氧化中间产物分解。阻化煤中影响煤氧化释放碳氢气体的关键活性官能团也是 C ═O，说明阻化剂主要通过阻断煤自燃过程中生成碳氢气体的链式自由基反应，抑制碳氢气体的释放。

(5) 对不同煤层煤在氧化升温过程中的活性官能团、热效应、气体释放特性与关联性进行了详细分析，推测煤自燃过程先是氧气扩散进入煤分子结构内部攻击活性官能团，如—CH_2、—CH_3，并发生氧化反应，形成不稳定的氧化产物，不稳定的氧化产物受热分解为气体，如 CO、CO_2 等，以及新的稳定含氧官能团，如 C ═O 等，新的稳定含氧官能团高温继续分解生成 CO、CO_2、C_2H_4、C_2H_6 等气体以及新的活性官能团，反应过程中伴随着热效应。缓释抗氧型阻化剂通过释放的 H^+ 与煤自燃体系中游离的含氧自由基发生反应，终止了自由基发生的链式反应，自身转为稳定的酚基自由基，使煤中关键基团 C ═O 生成以及分解途径被打断。C ═O 自由基与煤的热效应，CO、CO_2、C_2H_4、C_2H_6 气体释放的关联性最强，因此抑制煤中关键基团 C ═O 的生成及分解，就会相应地导致煤自燃过程中 CO、CO_2、C_2H_4、C_2H_6 气体的释放以及热量释放受阻，从而达到抑制煤自燃的目的。

第七章　结论与展望

第一节　结　　论

本书秉承绿色、环保理念，将葡萄籽中的天然花青素资源化利用达到矿用价值，研制出了一种缓释抗氧型阻化剂，该阻化剂在煤氧化过程中可以持续捕获自由基，阻断煤基元链式反应，达到抑制煤自燃的目的；采用工业分析、差示扫描量热仪测试、漫反射原位红外光谱测试与程序升温实验，研究了缓释抗氧型阻化剂对陕北侏罗纪不同煤层煤氧化过程中热效应特性、动力学参数、活性官能团动态演变特征与气体释放量的影响；通过动态灰色关联方法将煤自燃过程中宏观热效应和气体释放量与关键活性官能团进行相关性分析，揭示了缓释抗氧型阻化剂抑制煤自燃机理。本书主要内容与结论如下。

（1）研制出缓释抗氧型阻化剂。该阻化剂是将分子修饰后的花青素嫁接入9%无氯绿色水滑石改性的高吸水树脂中，该树脂吸液性能优越且热稳定性更高。为延长煤氧化过程中化学阻化温度范围，将分子修饰后的花青素与改性高吸水树脂以不同质量比制备成的阻化材料进行热效应测试，得出质量比为1∶6时效果最优。

（2）得出陕北侏罗纪煤氧化过程中的热流曲线存在3个特征温度点：T_1为各煤样的初始放热温度，T_2为热流强度为零时的温度，即DSC曲线上表观热平衡温度，T_3为热流强度释放速率峰值温度。基于特征温度点，将热流曲线划分为4个阶段：水分蒸发及气体脱附阶段，缓慢氧化阶段，加速氧化阶段与快速氧化阶段。

（3）分析原煤及阻化煤氧化过程中的热效应特征，得出缓释抗氧型阻化剂是一种很好的自由基消除与吸热材料。其分子结构单元的芳香环有着更多邻、间位活性酚羟基，可以强烈释放H^+给各类自由基，终止煤的链式自由基反应，同时存在水分蒸发吸热的物理作用。根据阻化剂添加量与煤热效应参数的非线性关系，结合阻化剂抑制煤放热的效果及经济效益，确定阻化剂与原煤的最优质量比为5%。

(4) 采用改进KAS法,得出阻化煤在氧化过程中活化能均高于原煤的。在转化率小于或等于0.2时,煤氧反应处在缓慢氧化阶段。阻化剂终止了煤活跃基团的链式自由基反应,形成了稳定的结构,破坏了煤中可以稳定发展的低活化能基元反应群体,导致活化能升高。当转化率大于0.2时,缓释抗氧型阻化剂在加速氧化与快速氧化阶段持续捕捉自由基,阻断了高温区域煤中各类基元反应,生成了稳定的结构,结果表现为在该阶段煤氧化需要更高活化能才可发生反应。

(5) 采用Savitzky-Golay平滑法及二阶求导法预处理红外光谱,发现缓释抗氧型阻化剂不断提供大量H^+致使煤中脂肪烃—CH_3/—CH_2、芳香烃C—H以及酚/醇/羧酸—OH消耗转为缓慢消耗,同时减弱了煤活性官能团生成C═O的链式反应。而C═O是参与煤氧化过程中重要的中间过渡基团,随着煤氧化温度逐渐升高,—CH_3/—CH_2发生氧化生成—OH,大量原有的与生成的—OH的结构状态不稳定,会进一步氧化生成C═O。

(6) 采用煤氧化程序升温实验平台测试陕北侏罗纪不同煤层原煤及阻化煤在自燃过程中释放碳氧气体、碳氢气体等的规律。在水分蒸发及气体脱附与缓慢氧化阶段,煤结构中活性位点逐渐活化,阻化剂对煤的耗氧速率及碳氧气体的抑制量表现出缓慢增加。在加速氧化与快速氧化阶段,阻化剂延续着优越的捕获自由基性能,减弱了煤氧化耗氧速率,抑制了碳氧气体和碳氢气体生成。这表明缓释抗氧型阻化剂对抑制煤自燃气体释放表现出良好的阻化效果。

(7) 采用动态灰色关联的数学方法,对5类活性官能团与热流强度及O_2、CO、CO_2、C_2H_4、C_2H_6气体浓度分别建立量化关系,确定煤宏观特性变化规律与微观特征变化之间的动态关联以及相应贡献程度,得出O_2主要攻击脂肪烃,羰基C═O是决定煤自燃过程中热流强度以及气体释放的最关键基团。缓释抗氧型阻化剂通过释放的H^+与煤自燃体系中游离的含氧自由基发生反应,导致煤自燃过程中CO、CO_2、C_2H_4、C_2H_6气体释放以及热量释放受阻,从而达到抑制煤自燃的目的。

第二节　创　新　点

(1) 研制出缓释抗氧型阻化剂,确定了分子修饰后的花青素与无氯绿色水滑石改性高吸水树脂的最优配比。

(2) 确定了阻化剂与原煤的最优质量比为5%,研究了陕北侏罗纪不同煤层原煤及阻化煤氧化过程中热效应、动力学参数、活性官能团以及生成气体的变化规律。

(3) 提出了活性官能团与热流强度及气体产物的量化判定指标,确定了氧气主要攻击脂肪烃,羰基是决定煤自燃过程中热流强度以及气体释放的最关键基团,揭示了缓释抗氧型阻化剂阻断煤活性官能团链式反应的阻化机理。

第三节 展 望

基于化学作用型阻化剂可通过分子层面切断煤中活性官能团发生的链式反应,添加少量可起到阻化效果的思路,本书将绿色可再生天然的花青素资源化利用达到矿用价值,研发了缓释抗氧型阻化剂,然后通过对陕北侏罗纪不同煤层原煤及阻化煤氧化过程中的热效应、动力学参数、活性官能团以及生成气体的抑制效果分析,揭示了缓释抗氧型阻化剂抑制煤自燃的机理。由于作者研究水平以及实验条件等原因所限,本书仍有待进一步完善,还要从以下几个方面进一步深入研究。

(1) 煤自燃是大量自由基链式反应的结果,还应采用电子顺磁共振实时测试煤自燃过程中自由基演变规律,从自由基角度进一步揭示缓释抗氧型阻化剂抑制煤自燃机理。

(2) 推测缓释抗氧型阻化剂与煤氧化过程中活性官能团发生的化学反应式,然后采用高斯模拟计算验证反应是否准确及合理,从具体的化学反应揭示缓释抗氧型阻化剂的抑制作用。

参考文献

[1] 袁亮,等.我国煤炭资源高效回收及节能战略研究[M].北京:科学出版社,2017.

[2] 王双明.对我国煤炭主体能源地位与绿色开采的思考[J].中国煤炭,2020,46(2):11-16.

[3] 谢和平,吴立新,郑德志.2025年中国能源消费及煤炭需求预测[J].煤炭学报,2019,44(7):1949-1960.

[4] 王德明,邵振鲁,朱云飞.煤矿热动力重大灾害中的几个科学问题[J].煤炭学报,2021,46(1):57-64.

[5] 王连聪,梁运涛,罗海珠.我国矿井热动力灾害理论研究进展与展望[J].煤炭科学技术,2018,46(7):1-9.

[6] ENGLE M A,OLEA R A,O'KEEFE J M K,et al. Direct estimation of diffuse gaseous emissions from coal fires: current methods and future directions[J]. International journal of coal geology,2013,112:164-172.

[7] ONIFADE M,GENC B. Spontaneous combustion of coals and coal-shales [J]. International journal of mining science and technology,2018,28(6):933-940.

[8] NIMAJE D S,TRIPATHY D P. Characterization of some Indian coals to assess their liability to spontaneous combustion [J]. Fuel, 2016, 163:139-147.

[9] BISWAL S S,RAVAL S,GORAI A K. Delineation and mapping of coal mine fire using remote sensing data: a review[J]. International journal of remote sensing,2019,40(17):6499-6529.

[10] DAY S J,CARRAS J N,FRY R,et al. Greenhouse gas emissions from Australian open-cut coal mines: contribution from spontaneous combustion and low-temperature oxidation[J]. Environmental monitoring and assessment,2010,166(1):529-541.

[11] RAYMOND C J, FARMER J, DOCKERY C R. Thermogravimetric analysis of target inhibitors for the spontaneous self-heating of coal[J]. Combustion science and technology,2016,188(8):1249-1261.

[12] SONG Z Y,KUENZER C. Spectral reflectance(400-2500 nm) properties of coals,adjacent sediments,metamorphic and pyrometamorphic rocks in coal-fire areas:a case study of Wuda coalfield and its surrounding areas, northern China [J]. International journal of coal geology, 2017, 171: 142-152.

[13] O'KEEFE J M K,NEACE E R,LEMLEY E W,et al. Old smokey coal fire,Floyd County, Kentucky: estimates of gaseous emission rates[J]. International journal of coal geology,2011,87(2):150-156.

[14] 邓军,李贝,王凯,等.我国煤火灾害防治技术研究现状及展望[J].煤炭科学技术,2016,44(10):1-7,101.

[15] XU Y L, WANG L Y, TIAN N, et al. Spontaneous combustion coal parameters for the crossing-point temperature (CPT) method in a temperature-programmed system(TPS)[J]. Fire safety journal,2017,91: 147-154.

[16] LIU L, ZHOU F B. A comprehensive hazard evaluation system for spontaneous combustion of coal in underground mining[J]. International journal of coal geology,2010,82(1/2):27-36.

[17] 高志才.极易自燃煤层综放面采空区自然发火预测技术研究[D].西安:西安科技大学,2009.

[18] 张伟,张金锁,许建.煤炭资源安全绿色高效开发模式研究:以陕北侏罗纪煤田为例[J].地域研究与开发,2016,35(2):139-144.

[19] 王德峰.陕北侏罗纪煤田延安组煤岩层划分对比初步研究[D].西安:长安大学,2017.

[20] 王双明.鄂尔多斯盆地聚煤规律及煤炭资源评价[M].北京:煤炭工业出版社,1996.

[21] 王凯.陕北侏罗纪煤低温氧化反应性及动力学研究[D].西安:西安科技大学,2015.

[22] 刘世昉.陕北侏罗纪煤田榆神府区煤层自燃对煤质的影响[J].煤田地质与勘探,1988(2):27-31.

[23] ZHAI X W,WANG B,WANG K,et al. Study on the influence of water

immersion on the characteristic parameters of spontaneous combustion oxidation of low-rank bituminous coal [J]. Combustion science and technology,2019,191(7):1101-1122.

[24] LEI C K,DENG J,CAO K,et al. A comparison of random forest and support vector machine approaches to predict coal spontaneous combustion in gob[J]. Fuel,2019,239:297-311.

[25] WANG H H,DLUGOGORSKI B Z,KENNEDY E M. Coal oxidation at low temperatures: oxygen consumption, oxidation products, reaction mechanism and kinetic modelling[J]. Progress in energy and combustion science,2003,29(6):487-513.

[26] SHI T,WANG X F,DENG J,et al. The mechanism at the initial stage of the room-temperature oxidation of coal[J]. Combustion and flame,2005,140(4):332-345.

[27] SHI Q L, QIN B T, BI Q, et al. Fly ash suspensions stabilized by hydroxypropyl guar gum and xanthan gum for retarding spontaneous combustion of coal [J]. Combustion science and technology, 2018, 190(12):2097-2110.

[28] DENG J,XIAO Y,LI Q W,et al. Experimental studies of spontaneous combustion and anaerobic cooling of coal[J]. Fuel,2015,157:261-269.

[29] WANG H, DLUGOGORSKI B Z, KENNEDY E M. Analysis of the mechanism of the low-temperature oxidation of coal[J]. Combustion and flame,2003,134(1/2):107-117.

[30] CHEN X K,MA T,ZHAI X W,et al. Thermogravimetric and infrared spectroscopic study of bituminous coal spontaneous combustion to analyze combustion reaction kinetics[J]. Thermochimica acta,2019,676:84-93.

[31] 张双全.煤化学[M].5版.徐州:中国矿业大学出版社,2019.

[32] 谢克昌.煤的结构与反应性[M].北京:科学出版社,2002.

[33] GABRIELYAN A, KAZUMYAN K. The investigation of phenolic compounds and anthocyanins of wines made of the grape variety karmrahyut[J]. Annals of agrarian science,2018,16(2):160-162.

[34] UNSAL V. Natural phytotherapeutic antioxidants in the treatment of mercury intoxication: a review [J]. Advanced pharmaceutical bulletin,2018,8(3):365-376.

[35] 杜晓. 落叶松原花色素的分级及精细化利用研究[D]. 成都：四川大学，2006.

[36] HAMMERSTONE J F, LAZARUS S A, SCHMITZ H H. Procyanidin content and variation in some commonly consumed foods[J]. The journal of nutrition, 2000, 130(8): 2086S-2092S.

[37] 王丹丹，张万. 蓝莓、紫薯与葡萄籽原花青素提取及其清除自由基能力的比较[J]. 辽东学院学报(自然科学版)，2015，22(3)：180-185.

[38] LI Y P, SKOUROUMOUNIS G K, ELSEY G M, et al. Microwave-assistance provides very rapid and efficient extraction of grape seed polyphenols[J]. Food chemistry, 2011, 129(2): 570-576.

[39] RAJAKUMARI R, VOLOVA T, OLUWAFEMI O S, et al. Grape seed extract-soluplus dispersion and its antioxidant activity [J]. Drug development and industrial pharmacy, 2020, 46(8): 1219-1229.

[40] BARNABA C, DELLACASSA E, NICOLINI G, et al. Targeted and untargeted high resolution mass approach for a putative profiling of glycosylated simple phenols in hybrid grapes [J]. Food research international, 2017, 98: 20-33.

[41] 张娣. 葡萄籽中原花青素抗氧化效果研究进展[J]. 黑龙江生态工程职业学院学报，2014，27(2)：17-18.

[42] COELHO J P, FILIPE R M, ROBALO M P, et al. Recovering value from organic waste materials: supercritical fluid extraction of oil from industrial grape seeds[J]. The journal of supercritical fluids, 2018, 141: 68-77.

[43] 吴朝霞. 葡萄籽原花青素分离提纯、组分鉴定及抗氧化性研究[D]. 沈阳：沈阳农业大学，2005.

[44] 袁明，蔺华林，李克健. 煤结构模型及其研究方法[J]. 洁净煤技术，2013，19(2)：42-46.

[45] 郭德勇，叶建伟，王启宝，等. 平顶山矿区构造煤傅里叶红外光谱和^{13}C核磁共振研究[J]. 煤炭学报，2016，41(12)：3040-3046.

[46] 李霞，曾凡桂，王威，等. 低中煤级煤结构演化的XRD表征[J]. 燃料化学学报，2016，44(7)：777-783.

[47] BAYSAL M, YÜRÜM A, YILDIZ B, et al. Structure of some western Anatolia coals investigated by FTIR, Raman, ^{13}C solid state NMR spectroscopy and X-ray diffraction [J]. International journal of coal

geology,2016,163:166-176.

[48] PAN J N, WANG S, JU Y W, et al. Quantitative study of the macromolecular structures of tectonically deformed coal using high-resolution transmission electron microscopy[J]. Journal of natural gas science and engineering,2015,27:1852-1862.

[49] PAN J N, ZHU H T, HOU Q L, et al. Macromolecular and pore structures of Chinese tectonically deformed coal studied by atomic force microscopy[J]. Fuel,2015,139:94-101.

[50] 缪宇龙,姚楠,李小年.煤官能团的表征方法概述[J].浙江化工,2015,46(1):43-45.

[51] 胡睿,王琳玲,陆晓华.固相萃取-气相色谱法测定水中的酚类污染物[J].环境科学与技术,2005,28(1):56-57,65.

[52] 张明旭,杜传梅,闵凡飞,等.外加能量场对煤中有机硫结构特性影响规律的量子化学研究[J].煤炭学报,2014,39(8):1478-1484.

[53] XIN H H, WANG D M, QI X Y, et al. Structural characteristics of coal functional groups using quantum chemistry for quantification of infrared spectra[J]. Fuel processing technology,2014,118:287-295.

[54] MO J J, XUE Y, LIU X Q, et al. Quantum chemical studies on adsorption of CO_2 on nitrogen-containing molecular segment models of coal[J]. Surface science,2013,616:85-92.

[55] 邓军,张嫣妮.煤自然发火微观机理[M].徐州:中国矿业大学出版社,2015.

[56] 王娜,孙成功,李保庆.煤中低分子化合物研究进展[J].煤炭转化,1997,20(3):19-24.

[57] 刘艳华,车得福,李荫堂,等.X射线光电子能谱确定铜川煤及其焦中氮的形态[J].西安交通大学学报,2001,35(7):661-665.

[58] KRICHKO A A, SHPIRT M Y, GLAZUNOV M P, et al. Sulfide-molybdenum catalyst for the liquefaction of coal[J]. Solid fuel chemistry,1988,22(5):57-61.

[59] KRICHKO A A, GAGARIN S G. New ideas of coal organic matter chemical structure and mechanism of hydrogenation processes[J]. Fuel,1990,69(7):885-891.

[60] MATHEWS J P, CHAFFEE A L. The molecular representations of coal:

a review[J]. Fuel,2012,96:1-14.

[61] 戚绪尧. 煤中活性基团的氧化及自反应过程[D]. 徐州:中国矿业大学,2011.

[62] SOLOMON P R, SERIO M A, SUUBERG E M. Coal pyrolysis: experiments,kinetic rates and mechanisms[J]. Progress in energy and combustion science,1992,18(2):133-220.

[63] PAINTER P C, SNYDER R W, STARSINIC M, et al. Concerning the application of FT-IR to the study of coal: a critical assessment of band assignments and the application of spectral analysis programs[J]. Applied spectroscopy,1981,35(5):475-485.

[64] IBARRA J, MUÑOZ E, MOLINER R. FTIR study of the evolution of coal structure during the coalification process[J]. Organic geochemistry, 1996,24(6):725-735.

[65] YAO S P, ZHANG K, JIAO K, et al. Evolution of coal structures: FTIR analyses of experimental simulations and naturally matured coals in the Ordos basin, China[J]. Energy exploration and exploitation,2011,29(1): 1-19.

[66] SOLOMON P R, CARANGELO R M. FTIR analaysis of coal. 1. techniques and determination of hydroxyl concentrations[J]. Fuel, 1982,61(7):663-669.

[67] XIONG G, LI Y S, JIN L J, et al. In situ FT-IR spectroscopic studies on thermal decomposition of the weak covalent bonds of brown coal[J]. Journal of analytical and applied pyrolysis,2015,115:262-267.

[68] NIU Z Y, LIU G J, YIN H, et al. Investigation of mechanism and kinetics of non-isothermal low temperature pyrolysis of perhydrous bituminous coal by in situ FTIR[J]. Fuel,2016,172:1-10.

[69] NIU Z Y, LIU G J, YIN H, et al. In-situ FTIR study of reaction mechanism and chemical kinetics of a Xundian lignite during non-isothermal low temperature pyrolysis [J]. Energy conversion and management,2016,124:180-188.

[70] LIN R, PATRICK RITZ G. Studying individual macerals using i. r. microspectrometry, and implications on oil versus gas/condensate proneness and "low-rank" generation[J]. Organic geochemistry,1993,20

(6):695-706.

[71] IBARRA J, MOLINER R, BONET A J. FT-i. r. investigation on char formation during the early stages of coal pyrolysis[J]. Fuel,1994,73(6): 918-924.

[72] MASTALERZ M,BUSTIN R M. Application of reflectance micro-Fourier transform infrared analysis to the study of coal macerals:an example from the Late Jurassic to Early Cretaceous coals of the Mist Mountain Formation, British Columbia, Canada [J]. International journal of coal geology,1996,32(1/2/3/4):55-67.

[73] GUO Y T,BUSTIN R M. Micro-FTIR spectroscopy of liptinite macerals in coal[J]. International journal of coal geology,1998,36(3/4):259-275.

[74] TAHMASEBI A,YU J L,HAN Y N,et al. Study of chemical structure changes of Chinese lignite upon drying in superheated steam,microwave, and hot air[J]. Energy & fuels,2012,26(6):3651-3660.

[75] PETERSEN H I. The petroleum generation potential and effective oil window of humic coals related to coal composition and age [J]. International journal of coal geology,2006,67(4):221-248.

[76] PETERSEN H I,NYTOFT H P. Oil generation capacity of coals as a function of coal age and aliphatic structure[J]. Organic geochemistry, 2006,37(5):558-583.

[77] SONIBARE O O,HAEGER T,FOLEY S F. Structural characterization of Nigerian coals by X-ray diffraction,Raman and FTIR spectroscopy[J]. Energy,2010,35(12):5347-5353.

[78] OKOLO G N,NEOMAGUS H W J P,EVERSON R C,et al. Chemical-structural properties of South African bituminous coals: insights from wide angle XRD-carbon fraction analysis, ATR-FTIR, solid state ^{13}C NMR,and HRTEM techniques[J]. Fuel,2015,158:779-792.

[79] ODEH A O. Oualitative and quantitative ATR-FTIR analysis and its application to coal char of different ranks[J]. Journal of fuel chemistry and technology,2015,43(2):129-137.

[80] KOTYCZKA-MORAŃSKA M,TOMASZEWICZ M. Comparison of the first stage of the thermal decomposition of Polish coals by diffuse reflectance infrared spectroscopy [J]. Journal of the energy institute,

2018,91(2):240-250.

[81] ZHANG Y L, WANG J F, XUE S, et al. Kinetic study on changes in methyl and methylene groups during low-temperature oxidation of coal via in-situ FTIR[J]. International journal of coal geology, 2016, 154/155: 155-164.

[82] AKGÜN F, ARISOY A. Effect of particle size on the spontaneous heating of a coal stockpile[J]. Combustion and flame, 1994, 99(1): 137-146.

[83] XIAO Y, LI Q W, DENG J, et al. Experimental study on the corresponding relationship between the index gases and critical temperature for coal spontaneous combustion[J]. Journal of thermal analysis and calorimetry, 2017, 127(1): 1009-1017.

[84] WANG C P, YANG Y, TSAI Y T, et al. Spontaneous combustion in six types of coal by using the simultaneous thermal analysis-Fourier transform infrared spectroscopy technique[J]. Journal of thermal analysis and calorimetry, 2016, 126(3): 1591-1602.

[85] GARCIA P, HALL P J, MONDRAGON F. The use of differential scanning calorimetry to identify coals susceptible to spontaneous combustion[J]. Thermochimica acta, 1999, 336(1/2): 41-46.

[86] 乔玲,邓存宝,张勋,等.浸水对煤氧化活化能和热效应的影响[J].煤炭学报,2018,43(9):2518-2524.

[87] PAN R K, HU D M, CHAO J K, et al. The heat of wetting and its effect on coal spontaneous combustion [J]. Thermochimica acta, 2020, 691: 178711.

[88] ZHANG Y T, LI Y Q, HUANG Y, et al. Characteristics of mass, heat and gaseous products during coal spontaneous combustion using TG/DSC-FTIR technology[J]. Journal of thermal analysis and calorimetry, 2018, 131(3): 2963-2974.

[89] ZHAO T Y, YANG S Q, HU X C, et al. Restraining effect of nitrogen on coal oxidation in different stages: non-isothermal TG-DSC and EPR research[J]. International journal of mining science and technology, 2020, 30(3): 387-395.

[90] REN L F, DENG J, LI Q W, et al. Low-temperature exothermic oxidation characteristics and spontaneous combustion risk of pulverised coal[J].

Fuel,2019,252:238-245.

[91] ZHAI X W,GE H,SHU C M,et al. Effect of the heating rate on the spontaneous combustion characteristics and exothermic phenomena of weakly caking coal at the low-temperature oxidation stage[J]. Fuel,2020,268:117327.

[92] 石婷,邓军,王小芳,等.煤自燃初期的反应机理研究[J].燃料化学学报,2004,32(6):652-657.

[93] 迟克勇,范耀庭,王晨,等.空气湿度对煤自燃特征参数及热效应的影响研究[J].矿业安全与环保,2023,50(3):74-80.

[94] 刘星魁,杜学胜,赵新涛.沿空侧煤柱耗氧-升温的三维数值模拟[J].辽宁工程技术大学学报(自然科学版),2014,33(9):1206-1211.

[95] DOU G L,JIANG Z W. Sodium humate as an effective inhibitor of low-temperature coal oxidation[J]. Thermochimica acta,2019,673:53-59.

[96] TANG Y,ZHONG X X,LI G Y,et al. Simulation of dynamic temperature evolution in an underground coal fire area based on an optimised thermal-hydraulic-chemical model[J]. Combustion theory and modelling,2019,23(1):127-146.

[97] LI X Y,KNUDSEN KÆR S,CONDRA T,et al. A detailed computational fluid dynamics model on biomass pellet smoldering combustion and its parametric study[J]. Chemical engineering science,2021,231:116247.

[98] 葛新玉.基于热分析技术的煤氧化动力学实验研究[D].淮南:安徽理工大学,2009.

[99] SCACCIA S. TG-FTIR and kinetics of devolatilization of Sulcis coal[J]. Journal of analytical and applied pyrolysis,2013,104:95-102.

[100] LI B,CHEN G,ZHANG H,et al. Development of non-isothermal TGA-DSC for kinetics analysis of low temperature coal oxidation prior to ignition[J]. Fuel,2014,118:385-391.

[101] LUO Q B, LIANG D, SHEN H. Evaluation of self-heating and spontaneous combustion risk of biomass and fishmeal with thermal analysis(DSC-TG) and self-heating substances test experiments[J]. Thermochimica acta,2016,635:1-7.

[102] SONG H J,LIU G R,ZHANG J Z,et al. Pyrolysis characteristics and kinetics of low rank coals by TG-FTIR method[J]. Fuel processing

technology,2017,156:454-460.

[103] ZHONG X X, LI L D, CHEN Y, et al. Changes in thermal kinetics characteristics during low-temperature oxidation of low-rank coals under lean-oxygen conditions[J]. Energy & fuels,2017,31(1):239-248.

[104] MACIEJEWSKI M. Computational aspects of kinetic analysis. Part B: the ICTAC kinetics project: the decomposition kinetics of calcium carbonate revisited,or some tips on survival in the kinetic minefield[J]. Thermochimica acta,2000,355(1/2):145-154.

[105] VYAZOVKIN S. Computational aspects of kinetic analysis. Part C. The ICTAC kinetics project: the light at the end of the tunnel? [J]. Thermochimica acta,2000,355(1/2):155-163.

[106] BURNHAM A K. Computational aspects of kinetic analysis. Part D:the ICTAC kinetics project:multi-thermal-history model-fitting methods and their relation to isoconversional methods[J]. Thermochimica acta,2000, 355(1/2):165-170.

[107] RODUIT B. Computational aspects of kinetic analysis. Part E: the ICTAC kinetics project:numerical techniques and kinetics of solid state processes[J]. Thermochimica acta,2000,355(1/2):171-180.

[108] GAO J B,MA C C,XING S K,et al. Oxidation behaviours of particulate matter emitted by a diesel engine equipped with a NTP device[J]. Applied thermal engineering,2017,119:593-602.

[109] MUREDDU M, DESSÌ F, ORSINI A, et al. Air- and oxygen-blown characterization of coal and biomass by thermogravimetric analysis[J]. Fuel,2018,212:626-637.

[110] WANG D Y, DAS A, LEUTERITZ A, et al. Thermal degradation behaviors of a novel nanocomposite based on polypropylene and Co-Al layered double hydroxide[J]. Polymer degradation and stability,2011,96 (3):285-290.

[111] STARINK M J. The determination of activation energy from linear heating rate experiments:a comparison of the accuracy of isoconversion methods[J]. Thermochimica acta,2003,404(1/2):163-176.

[112] STARINK M J. Activation energy determination for linear heating experiments:deviations due to neglecting the low temperature end of the

temperature integral[J]. Journal of materials science, 2007, 42(2): 483-489.

[113] VYAZOVKIN S,BURNHAM A K,CRIADO J M,et al. ICTAC Kinetics Committee recommendations for performing kinetic computations on thermal analysis data[J]. Thermochimica acta,2011,520(1/2):1-19.

[114] 王兰云,蒋曙光,邵昊,等.煤自燃过程中自氧化加速温度研究[J].煤炭学报,2011,36(6):989-992.

[115] 屈丽娜.煤自燃阶段特征及其临界点变化规律的研究[D].北京:中国矿业大学(北京),2013.

[116] ILIYAS A,HAWBOLDT K,KHAN F. Thermal stability investigation of sulfide minerals in DSC[J]. Journal of hazardous materials,2010,178(1/2/3):814-822.

[117] KÖK M V. Thermal analysis of Beypazari lignite[J]. Journal of thermal analysis,1997,49(2):617-625.

[118] OZBAS K E. Effect of particle size on pyrolysis characteristics of Elbistan lignite[J]. Journal of thermal analysis and calorimetry,2008,93(2):641-649.

[119] KALJUVEE T, KEELMAN M, TRIKKEL A, et al. TG-FTIR/MS analysis of thermal and kinetic characteristics of some coal samples[J]. Journal of thermal analysis and calorimetry,2013,113(3):1063-1071.

[120] ROTARU A. Thermal analysis and kinetic study of Petroşani bituminous coal from Romania in comparison with a sample of Ural bituminous coal[J]. Journal of thermal analysis and calorimetry,2012,110(3):1283-1291.

[121] LI Q W,XIAO Y,WANG C P,et al. Thermokinetic characteristics of coal spontaneous combustion based on thermogravimetric analysis[J]. Fuel,2019,250:235-244.

[122] LI J H,LI Z H,YANG Y L,et al. Experimental study on the effect of mechanochemistry on coal spontaneous combustion [J]. Powder technology,2018,339:102-110.

[123] CLEMENS A H,MATHESON T W,ROGERS D E. Low temperature oxidation studies of dried New Zealand coals[J]. Fuel, 1991, 70(2): 215-221.

[124] ZHANG D,CEN X X,WANG W F,et al. The graded warning method of coal spontaneous combustion in Tangjiahui mine [J]. Fuel, 2021, 288:119635.
[125] WEI D Y, DU C F, LEI B, et al. Prediction and prevention of spontaneous combustion of coal from goafs in workface:a case study[J]. Case studies in thermal engineering,2020,21:100668.
[126] 文虎,赵向涛,王伟峰,等. 不同煤体自燃指标性气体函数模型特征分析[J]. 煤炭转化,2020,43(1):16-25.
[127] XIE J, XUE S, CHENG W M, et al. Early detection of spontaneous combustion of coal in underground coal mines with development of an ethylene enriching system [J]. International journal of coal geology, 2011,85(1):123-127.
[128] BATUBARA A,IBRAHIM E,NASIR S,et al. A new prototype design and experimental study for assessing spontaneous coal combustion[J]. Journal of ecological engineering,2019,20(6):9-17.
[129] YUAN L M,SMITH A C. CO and CO_2 emissions from spontaneous heating of coal under different ventilation rates[J]. International journal of coal geology,2011,88(1):24-30.
[130] LIANG Y T,ZHANG J,WANG L C,et al. Forecasting spontaneous combustion of coal in underground coal mines by index gases:a review [J]. Journal of loss prevention in the process industries, 2019, 57: 208-222.
[131] 朱建国,戴广龙,唐明云,等. 水浸长焰煤自燃预测预报指标气体试验研究[J]. 煤炭科学技术,2020,48(5):89-94.
[132] 邓军,李贝,李珍宝,等. 预报煤自燃的气体指标优选试验研究[J]. 煤炭科学技术,2014,42(1):55-59.
[133] GROMYKA D S,KREMCHEEV E A,NAGORNOV D O. Review of applicability of using indicator gas coefficients for determining the temperature of the place of spontaneous combustion of coal[J]. Journal of physics:conference series,2019,1384(1):012016.
[134] 仲晓星,王德明,戚绪尧,等. 煤自燃倾向性的氧化动力学测定方法研究[J]. 中国矿业大学学报,2009,38(6):789-793.
[135] 陆新晓,赵鸿儒,朱红青,等. 氧化煤复燃过程自燃倾向性特征规律[J]. 煤

炭学报,2018,43(10):2809-2816.

[136] 赵婧昱,张永利,邓军,等.影响煤自燃气体产物释放的主要活性官能团[J].工程科学学报,2020,42(9):1139-1148.

[137] 沈云鸽,王德明,朱云飞.不同自燃倾向性煤的指标气体产生规律实验研究[J].中国安全生产科学技术,2018,14(4):69-74.

[138] ZHAO J Y, DENG J, CHEN L, et al. Correlation analysis of the functional groups and exothermic characteristics of bituminous coal molecules during high-temperature oxidation[J]. Energy, 2019, 181: 136-147.

[139] GUO J,WEN H,LIU Y,et al. Data on analysis of temperature inversion during spontaneous combustion of coal[J]. Data in brief, 2019, 25:104304.

[140] 肖旸,王振平,马砺,等.煤自燃指标气体与特征温度的对应关系研究[J].煤炭科学技术,2008,36(6):47-51.

[141] LI J, FU P B, ZHU Q R, et al. A lab-scale experiment on low-temperature coal oxidation in context of underground coal fires[J]. Applied thermal engineering,2018,141:333-338.

[142] 许延辉.煤自燃特性宏观表征参数及测试方法研究[D].西安:西安科技大学,2014.

[143] CHEN X K,LI H T,WANG Q H,et al. Experimental investigation on the macroscopic characteristic parameters of coal spontaneous combustion under adiabatic oxidation conditions with a mini combustion furnace[J]. Combustion science and technology, 2018, 190(6): 1075-1095.

[144] BEAMISH B B,THEILER J. Coal spontaneous combustion:examples of the self-heating incubation process[J]. International journal of coal geology,2019,215:103297.

[145] RATHSACK P. Analysis of pyrolysis liquids obtained from the slow pyrolysis of a German brown coal by comprehensive gas chromatography mass spectrometry[J]. Fuel,2017,191:312-321.

[146] TANG X J,LIANG Y T,DONG H Z,et al. Analysis of index gases of coal spontaneous combustion using Fourier transform infrared spectrometer[J]. Journal of spectroscopy,2014,2014:414391.

[147] 赵永飞，王俊峰，刘轩，等. 褐煤自燃气味特征及挥发性成分研究[J]. 太原理工大学学报，2021，52(1)：61-69.

[148] ADAMUS A，ŠANCER J，GUŘANOVÁ P，et al. An investigation of the factors associated with interpretation of mine atmosphere for spontaneous combustion in coal mines[J]. Fuel processing technology，2011，92(3)：663-670.

[149] KONG B，LI Z H，WANG E Y，et al. An experimental study for characterization the process of coal oxidation and spontaneous combustion by electromagnetic radiation technique[J]. Process safety and environmental protection，2018，119：285-294.

[150] KONG B，LIU Z，YAO Q G. Study on the electromagnetic spectrum characteristics of underground coal fire hazardous and the detection criteria of high temperature anomaly area[J]. Environmental earth sciences，2021，80(3)：89.

[151] 马砺，向崎，任立峰. 阻化煤样的初次/二次氧化特性实验研究[J]. 西安科技大学学报，2015，35(6)：702-707.

[152] 刘吉波. 煤炭的阻燃机理分析和氯化盐类汽雾阻化剂的应用[J]. 华北科技学院学报，2002，4(2)：8-10.

[153] 崔传发. 采空区瓦斯抽采钻孔参数及注氮防灭火研究[J]. 工矿自动化，2020，46(3)：12-20.

[154] YU Z J，GU Y，YANG S，et al. Temperature characteristic of crushed coal under liquid coolant injection：a comparative investigation between CO_2 and N_2[J]. Journal of thermal analysis and calorimetry，2021，144(2)：363-372.

[155] SAKUROVS R，DAY S，WEIR S. Relationships between the sorption behaviour of methane，carbon dioxide，nitrogen and ethane on coals[J]. Fuel，2012，97：725-729.

[156] HOU X W，LIU S M，ZHU Y M，et al. Experimental and theoretical investigation on sorption kinetics and hysteresis of nitrogen，methane，and carbon dioxide in coals[J]. Fuel，2020，268：117349.

[157] 郭志国，吴兵，陈娟，等. CO_2对受限空间煤明火燃烧的灭火机理[J]. 燃烧科学与技术，2018，24(1)：59-66.

[158] LI S L，ZHOU G，WANG Y Y，et al. Synthesis and characteristics of fire

extinguishing gel with high water absorption for coal mines[J]. Process safety and environmental protection,2019,125:207-218.

[159] 张丽丽. 黏土/聚合物复合高吸水性树脂的制备与性能研究[D]. 青岛:山东科技大学,2012.

[160] 王向鹏,郑云香,张春晓. TAAB交联的聚丙烯酸-丙烯酰胺吸水树脂的高温耐水解性能[J]. 合成树脂及塑料,2019,36(2):23-26.

[161] REN X F, HU X M, XUE D, et al. Novel sodium silicate/polymer composite gels for the prevention of spontaneous combustion of coal[J]. Journal of hazardous materials,2019,371:643-654.

[162] LI J H,LI Z H,YANG Y L,et al. Laboratory study on the inhibitory effect of free radical scavenger on coal spontaneous combustion[J]. Fuel processing technology,2018,171:350-360.

[163] LI J L,LU W,CAO Y J,et al. Method of pre-oxidation treatment for spontaneous combustion inhibition and its application[J]. Process safety and environmental protection,2019,131:169-177.

[164] PANDEY J,MOHALIK N K,MISHRA R K,et al. Investigation of the role of fire retardants in preventing spontaneous heating of coal and controlling coal mine fires[J]. Fire technology,2015,51(2):227-245.

[165] 位爱竹. 煤炭自燃自由基反应机理的实验研究[D]. 徐州:中国矿业大学,2008.

[166] WANG J, ZHANG Y L, WANG J F, et al. Study on the chemical inhibition mechanism of DBHA on free radical reaction during spontaneous combustion of coal[J]. Energy & fuels, 2020, 34(5): 6355-6366.

[167] LI J H,LI Z H,YANG Y L,et al. Inhibitive effects of antioxidants on coal spontaneous combustion[J]. Energy & fuels, 2017, 31(12): 14180-14190.

[168] 刘长飞,李丽,刘丽翠,等. 一种防止煤炭自燃的环保化学阻化剂:CN101144387A[P]. 2008-03-19.

[169] 于水军,张如意,阳虹,等. 防老剂甲的分散性对煤炭自燃阻化效果的影响[J]. 矿业安全与环保,1999(5):23-24.

[170] 李金亮,陆伟,徐俊. 化学阻化剂防治煤自燃及其阻化机理分析[J]. 煤炭科学技术,2012,40(1):50-53.

[171] MA L Y,WANG D M,KANG W J,et al. Comparison of the staged inhibitory effects of two ionic liquids on spontaneous combustion of coal based on in situ FTIR and micro-calorimetric kinetic analyses[J]. Process safety and environmental protection,2019,121:326-337.

[172] CUI C B, JIANG S G, WANG K, et al. Effects of ionic liquid concentration on coal low-temperature oxidation[J]. Energy science & engineering,2019,7(5):2165-2179.

[173] DENG J,BAI Z J,XIAO Y,et al. Effects of imidazole ionic liquid on macroparameters and microstructure of bituminous coal during low-temperature oxidation[J]. Fuel,2019,246:160-168.

[174] TO T Q,SHAH K,TREMAIN P,et al. Treatment of lignite and thermal coal with low cost amino acid based ionic liquid-water mixtures[J]. Fuel,2017,202:296-306.

[175] 王婕,张玉龙,王俊峰,等. 无机盐类阻化剂和自由基捕获剂对煤自燃的协同抑制作用[J]. 煤炭学报,2020,45(12):4132-4143.

[176] 刘博. Zn/Mg/Al-LDHs/神府煤复合材料结构与性能研究[D]. 西安:西安科技大学,2014.

[177] DENG J, YANG Y, ZHANG Y N, et al. Inhibiting effects of three commercial inhibitors in spontaneous coal combustion[J]. Energy,2018,160:1174-1185.

[178] DOU G L,WANG D M,ZHONG X X,et al. Effectiveness of catechin and poly(ethylene glycol) at inhibiting the spontaneous combustion of coal[J]. Fuel processing technology,2014,120:123-127.

[179] XI Z L,JIN B X,JIN L Z,et al. Characteristic analysis of complex antioxidant enzyme inhibitors to inhibit spontaneous combustion of coal[J]. Fuel,2020,267:117301.

[180] LU Y,XI Z L,JIN B X,et al. Reaction mechanism and thermodynamics of the elimination of peroxy radicals by an antioxidant enzyme inhibitor complex[J]. Fuel,2020,272:117719.

[181] 姜峰,孙雯倩,李珍宝,等. 复合阻化剂抑制煤自燃过程的阶段阻化特性[J]. 煤炭科学技术,2022,50(10):68-75.

[182] 舒森辉,张雷林. 基于茶多酚的阻化泡沫制备及阻燃性能研究[J]. 煤矿安全,2022,53(8):50-55,61.

[183] QIN B T, DOU G L, WANG Y, et al. A superabsorbent hydrogel-ascorbic acid composite inhibitor for the suppression of coal oxidation [J]. Fuel, 2017, 190: 129-135.

[184] ZHANG Y N, SHU P, DENG J, et al. Preparation and properties of ammonium polyphosphate microcapsules for coal spontaneous combustion prevention[J]. International journal of coal preparation and utilization, 2022, 42(10): 3090-3102.

[185] 董希琳. DDS 系列煤炭自燃阻化剂实验研究[J]. 火灾科学, 1997, 6(1): 20-26.

[186] 孙达旺. 植物单宁化学[M]. 北京: 中国林业出版社, 1992.

[187] 徐曼, 陈筋鸿, 汪咏梅, 等. 落叶松原花青素的没食子酰化及其抗氧化活性增强效应[J]. 林产化学与工业, 2010, 30(6): 55-60.

[188] 张钰娟. 基于氨基酸辅色作用的黑莓花青素稳定性研究及其作用机理初步探究[D]. 贵阳: 贵州师范大学, 2017.

[189] 古明辉, 陈虎, 李希羽, 等. 苹果酸酰化对黑果枸杞花青素稳定性改善的研究[J]. 食品工业科技, 2017, 38(23): 58-63.

[190] 卢晓蕊, 武彦文, 欧阳杰, 等. 响应面法优化萝卜红色素酯化修饰条件的研究[J]. 食品与发酵工业, 2008, 34(7): 71-76.

[191] ZHONG X X, QIN B T, DOU G L, et al. A chelated calcium-procyanidine-attapulgite composite inhibitor for the suppression of coal oxidation[J]. Fuel, 2018, 217: 680-688.

[192] REIN M. Copigmentation reactions and color stability of berry anthocyanins[D]. Helsinki: University of Helsinki, 2005.

[193] 张亚涛, 张林, 陈欢林. 聚(丙烯酸-丙烯酰胺)/水滑石纳米复合高吸水性树脂的制备及表征[J]. 化工学报, 2008, 59(6): 1565-1570.

[194] KAJI R, MURANAKA Y, OTSUKA K, et al. Water absorption by coals: effects of pore structure and surface oxygen[J]. Fuel, 1986, 65(2): 288-291.

[195] ŠVÁBOVÁ M, WEISHAUPTOVÁ Z, PŘIBYL O. Water vapour adsorption on coal[J]. Fuel, 2011, 90(5): 1892-1899.

[196] 李树刚, 白杨, 林海飞, 等. CH_4, CO_2 和 N_2 多组分气体在煤分子中吸附热力学特性的分子模拟[J]. 煤炭学报, 2018, 43(9): 2476-2483.

[197] QI X Y, LI Q Z, ZHANG H J, et al. Thermodynamic characteristics of

coal reaction under low oxygen concentration conditions[J]. Journal of the energy institute,2017,90(4):544-555.

[198] 王德明.煤氧化动力学理论及应用[M].北京:科学出版社,2012.

[199] 徐精彩.煤自燃危险区域判定理论[M].北京:煤炭工业出版社,2001.

[200] 杨漪.基于氧化特性的煤自燃阻化剂机理及性能研究[D].西安:西安科技大学,2015.

[201] MISZ M,FABIAŃSKA M,ĆMIEL S. Organic components in thermally altered coal waste: preliminary petrographic and geochemical investigations[J]. International journal of coal geology,2007,71(4):405-424.

[202] 金保升,周宏仓,仲兆平,等.煤气化多环芳烃初步研究[J].东南大学学报(自然科学版),2005,35(1):100-104.

[203] 王德明,辛海会,戚绪尧,等.煤自燃中的各种基元反应及相互关系:煤氧化动力学理论及应用[J].煤炭学报,2014,39(8):1667-1674.

[204] FUJITSUKA H,ASHIDA R,KAWASE M,et al. Examination of low-temperature oxidation of low-rank coals,aiming at understanding their self-ignition tendency[J]. Energy & fuels,2014,28(4):2402-2407.

[205] 葛岭梅,薛韩玲,徐精彩,等.对煤分子中活性基团氧化机理的分析[J].煤炭转化,2001,24(3):23-28.

[206] ZHANG Y L,WANG J F,WU J M,et al. Modes and kinetics of CO_2 and CO production from low-temperature oxidation of coal[J]. International journal of coal geology,2015,140:1-8.

[207] WANG Z T,FU Z K,ZHANG B A,et al. Adsorption and desorption on coals for CO_2 sequestration[J]. Mining science and technology (China),2009,19(1):8-13.

[208] SU H T,ZHOU F B,LI J S,et al. Effects of oxygen supply on low-temperature oxidation of coal:a case study of Jurassic coal in Yima,China[J]. Fuel,2017,202:446-454.

[209] LU P,LIAO G X,SUN J H,et al. Experimental research on index gas of the coal spontaneous at low-temperature stage[J]. Journal of loss prevention in the process industries,2004,17(3):243-247.

[210] 袁绍.褐煤自燃特性及提质改性处理影响的机理研究[D].杭州:浙江大学,2018.